37

38

39

40

41

42

43

44

45

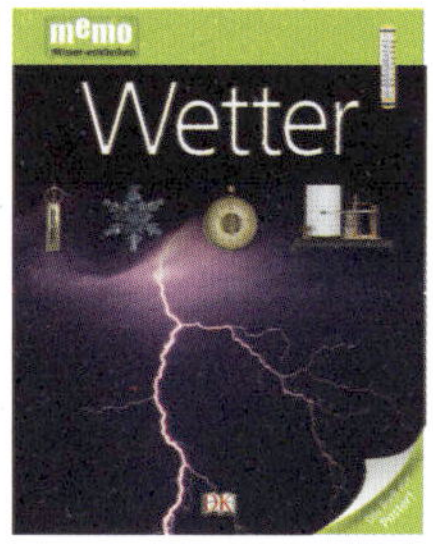

46

47

48

49

50

Alphabetische Reihenfolge der Bände auf der letzten Seite

memo Wissen entdecken

Vögel

Fasanenflügel
Krähenei
Ei der Trottellumme
Ei des Eichelhähers
Bachstelzennest
Flügel der Stockente
Schwanzfeder des Pfaus

memo
Wissen entdecken

Wellensittichfedern

Ei des Steinschmätzers

Kohlmeisenei

Vögel

Text von
David Burnie

Waldkauzschädel

Amselschädel

Schwungfeder eines Ara

Flügelfeder des Eichelhähers

Schädel eines Säbelschnäblers

Kragenfedern des Goldfasans

Schmuckfeder („Segel“) der Mandarinente

Rauchschwalbenei

Wachtelei

Ei der Dreizehenmöwe

Starenei

Schmuckfedern des Paradiesvogels

DK
DORLING KINDERSLEY

Flügel des Grünspechts

Ei des Rebhuhns

Brachvogelschädel

Brachvogelfeder

Feder des wilden Truthahns

Trappenfeder

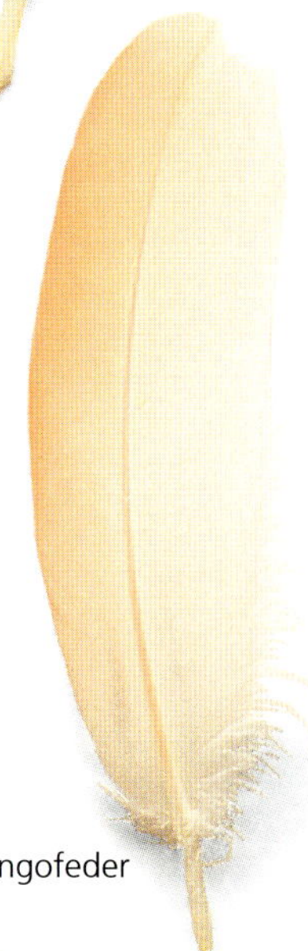

Flamingofeder

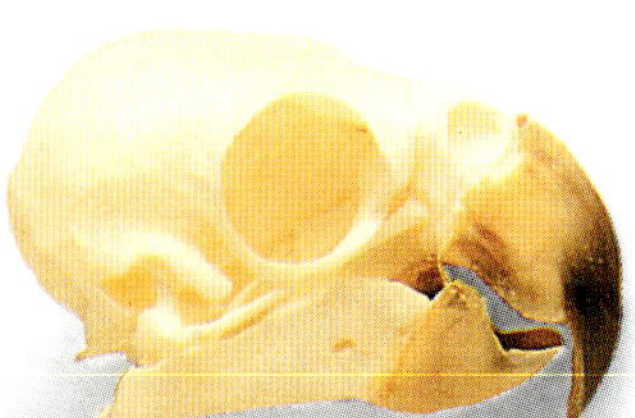

Papageienschädel

Rotkehlchenei

Ei des Tordalks

DORLING KINDERSLEY
London, New York, Melbourne, München und Delhi

Projektbetreuung Janice Lacock
Cheflektorat Andrew Macintyre, Camilla Hallinan
Projektleitung Sunita Gahir
Programmleitung Andrea Pinnington
Herstellung Jenny Jacoby, Angela Graef
Redaktion Angela Wilkes, Sue Nicholson
Fachliche Beratung Mark Fox
Redaktionelle Beratung Natural History Museum, London
Bildredaktion Carole Ash, Jane Owen, Jane Thomas, Martin Wilson, Catherine Goldsmith
Bildrecherche Brenda Clynch
Fotos Peter Chadwick, Kim Taylor
DTP-Design Siu Chan, Andy Hilliard, Ronaldo Julien
Umschlaggestaltung Smiljka Surla

Für die deutsche Ausgabe:
Programmleitung Monika Schlitzer
Projektbetreuung Martina Glöde, Janna Heimberg
Herstellungsleitung Dorothee Whittaker
Herstellung Anna Ponton

Bibliografische Information Der Deutschen Bibliothek Die Deutsche Bibliothek verzeichnet diese Publikation in der Deutschen Nationalbibliografie; detaillierte bibliografische Daten sind im Internet über http://dnb.ddb.de abrufbar.

Titel der englischen Originalausgabe:
Eyewitness Bird

Übersetzung Peter Robert, Eva Sixt (S. 64–71, Poster)
Lektorat Klaus-Dietrich Petersen
Satz Roman Bold & Black

ISBN 978-3-8310-1909-0

Colour reproduction by Colourscan, Singapore
Printed and bound in China by Toppan

Besuchen Sie uns im Internet
www.dorlingkindersley.de

Inhalt

Drosslingfeder
Feder des Nymphensittichs
Feder des Wellensittichs

Dinosaurier und Vögel

Archaeopteryx – der Urvogel

In einem Steinbruch in Bayern entdeckten Arbeiter 1861 eine inzwischen weltberühmte Versteinerung. Sie bekam später den Namen *Archaeopteryx*. Das Tier hatte Flügel mit Federn und war deshalb ohne Zweifel ein Vogel. Aber anders als die heute lebenden Vögel hatte *Archaeopteryx* eine zu einem langen Schwanz verlängerte Wirbelsäule und scharfe Krallen an den Flügeln. Und ebenfalls merkwürdig: In seinem Schnabel saßen viele kleine, spitze Zähne. Man hatte Dinosaurier mit ganz ähnlichen Zähnen gefunden. Die Fachwelt war verblüfft. Dies war ein eindeutiger Hinweis darauf, dass sich die Vögel vor über 150 Millionen Jahren aus Dinosauriern entwickelt haben. Mittlerweile stützen viele weitere Entdeckungen diese Theorie. Dazu gehören versteinerte „Dino-Vögel" aus China, die mit flauschigen Federn bedeckt waren, vielleicht, um nicht auszukühlen. Irgendwann in der Vergangenheit entwickelten sich aus diesen kleinen, flinken Raubdinosauriern die ersten echten Vögel, die mit Schwungfedern besetzte Flügel hatten, mit denen sie vom Boden abheben konnten. Heute gibt es über 9500 Vogelarten, von winzigen Kolibris bis hin zum afrikanischen Strauß, der 2,7 Meter groß werden kann. Dank ihrer Flugfähigkeit haben Vögel die ganze Erde besiedelt.

DAS FEHLENDE BINDEGLIED

Die fünf *Archaeopteryx*-Fossilien, die man seit 1861 in Deutschland fand, stammen alle aus einem Gebiet, das einst vom Meer bedeckt war. Als die Tiere starben, wurde ihr Körper in kurzer Zeit von Schlick umhüllt, der so feinkörnig war, dass er nicht nur die Umrisse der Knochen, sondern auch die der Federn für die Nachwelt bewahrte. Im Lauf von Jahrmillionen verfestigte sich dieser Schlick allmählich zu Plattenkalk und als er später abgebaut wurde, gab der Stein seine wertvollen Fossilien preis. In diesem Abdruck sind die vogelähnlichen Flügel und Beine ebenso deutlich zu erkennen wie die reptilienartigen Zähne und Schwanzwirbel. Man nimmt an, dass *Archaeopteryx* von kleinen Dinosauriern abstammt, die nicht auf allen vieren, sondern aufrecht liefen.

EIN EXPERIMENT DER EVOLUTION

Reptilien der Urzeit, die Flugsaurier, hatten Flughäute. Obwohl sie sehr erfolgreich waren, starben sie gemeinsam mit den Dinosauriern vor 65 Mio. Jahren aus.

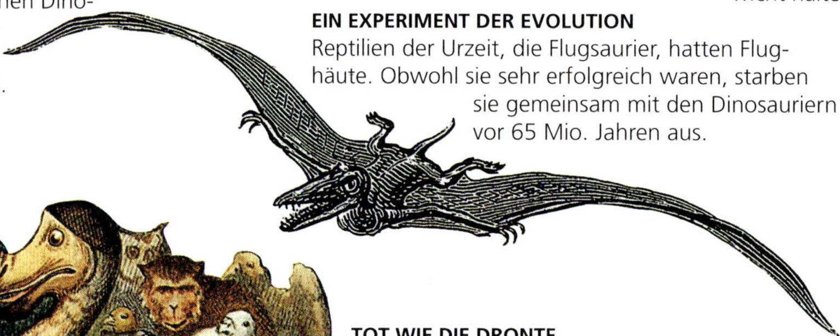

DAS GLEICHGEWICHT HALTEN

Im Vergleich zu vielen anderen Tieren sind Vögel kompakt gebaut. Beine, Flügel und Hals eines Vogels sind leichtgewichtige Konstruktionen. Die schwereren Körperteile, v. a. die Flug- und Beinmuskeln, liegen eng am Brustkorb und an der Wirbelsäule. So kann der Vogel sowohl im Flug als auch am Boden das Gleichgewicht halten.

Skelett einer Krähe (von vorn)

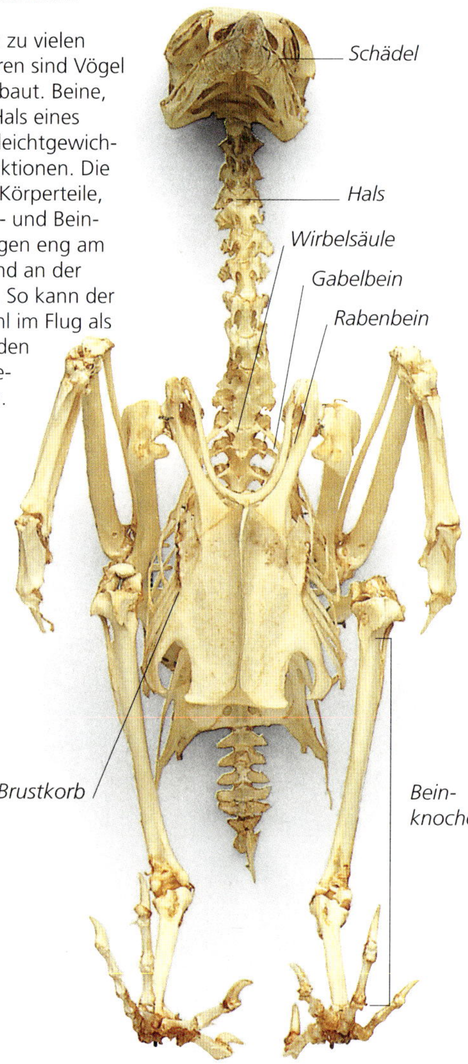

TOT WIE DIE DRONTE

Die Dronte (hier eine Darstellung der berühmten Begegnung mit Lewis Carrolls Heldin Alice in *Alice im Wunderland*) war einer der vielen Vögel, für deren Aussterben der Mensch verantwortlich ist. Die Dronte war ein flugunfähiger Vogel, der auf Madagaskar und benachbarten Inseln im Indischen Ozean lebte und gegen Ende des 17. Jh. ausgerottet wurde. Auch flugfähige Vögel haben unter den Menschen gelitten. So starb beispielsweise die letzte Wandertaube 1914, obwohl diese Art noch 100 Jahre zuvor Schwärme von mehr als 1 Mrd. Vögeln bildete.

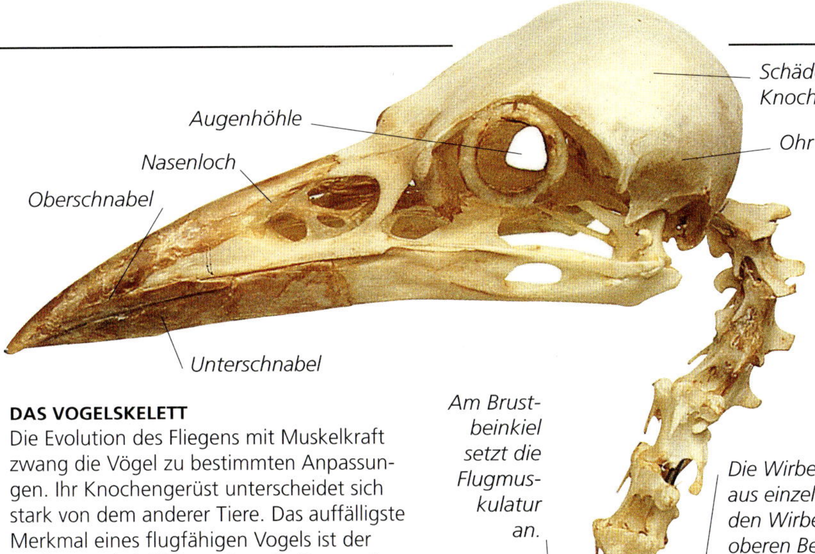
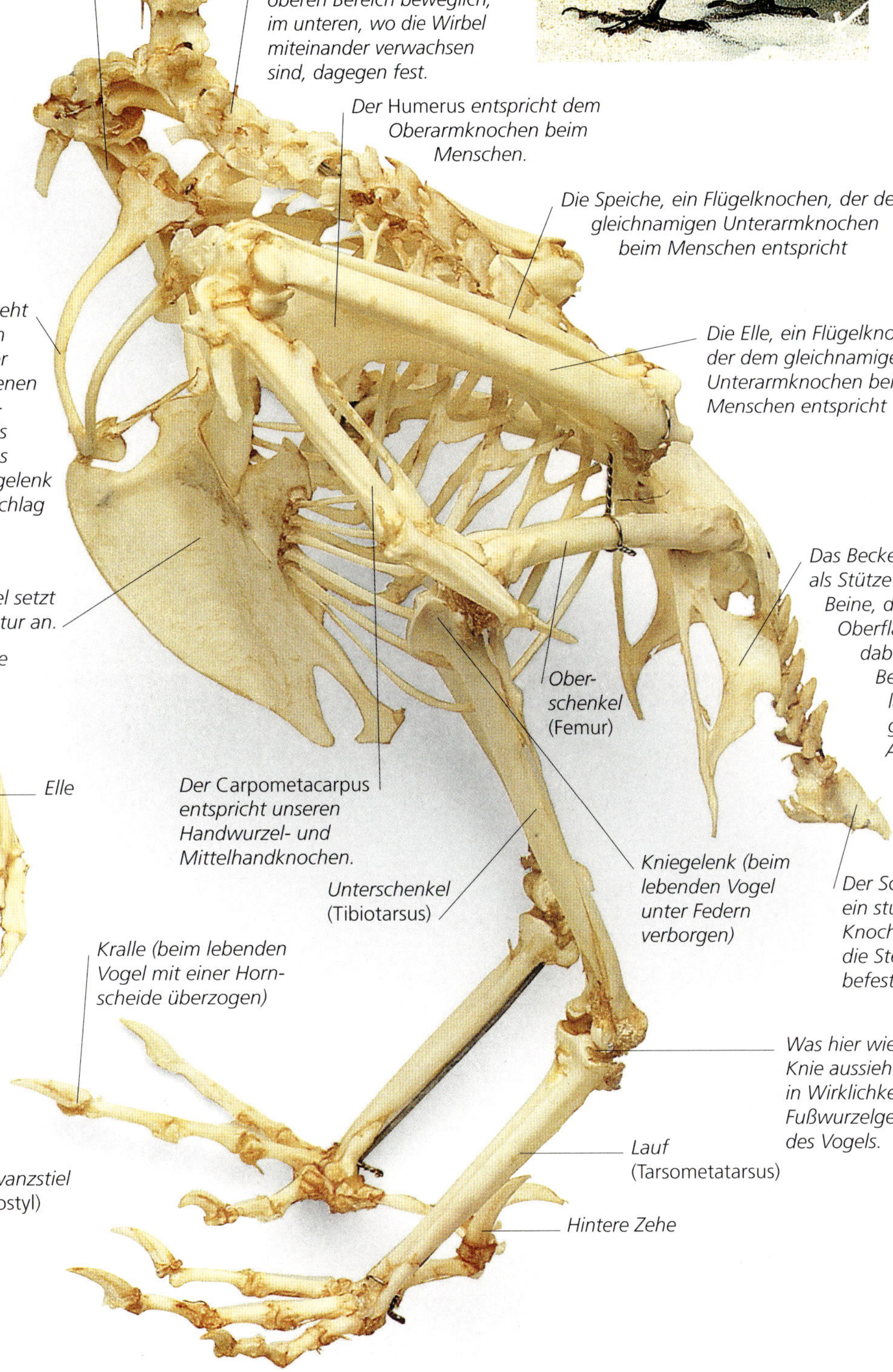

DAS VOGELSKELETT

Die Evolution des Fliegens mit Muskelkraft zwang die Vögel zu bestimmten Anpassungen. Ihr Knochengerüst unterscheidet sich stark von dem anderer Tiere. Das auffälligste Merkmal eines flugfähigen Vogels ist der große Brustbeinkiel, an dem die Flugmuskulatur ansetzt. Vögel haben keine Zähne und auch keinen richtigen Schwanz. Die Steuerfedern gehen von einem Knochen aus, den man Schwanzstiel oder Pygostyl nennt. Die Vordergliedmaßen sind völlig an ihre einzige Aufgabe, den aktiven Flug, angepasst, während sich die Kiefer zu einem leichten, doch sehr kräftigen Schnabel entwickelt haben, den der Vogel zum Fressen, aber auch für fein abgestimmte Bewegungen, etwa beim Gefiederputzen, einsetzen kann.

DIE STROMLINIENFORM

Trotz ihrer unterschiedlichen Körpergrößen besitzen flugfähige Vögel überall auf der Welt eine ganz ähnliche Gestalt wie diese Krähe. Das liegt daran, dass sie stromlinienförmig gebaut sein müssen.

Skelett einer Krähe (von hinten)

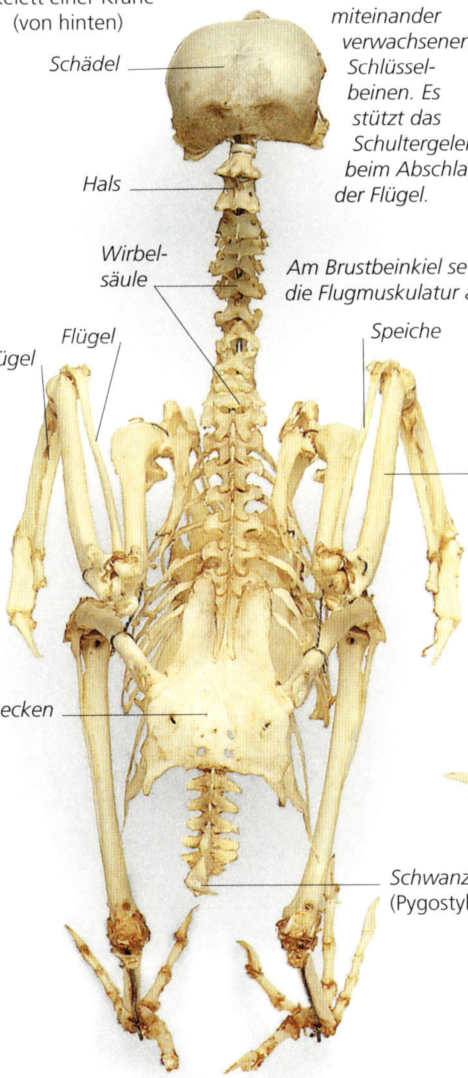

Leicht gebaut

Groß oder klein: Fliegen können fast alle Vogelarten. Der kleinste Vogel, die Bienenelfe, wiegt nur 1,6 Gramm und ist kleiner als viele Schmetterlinge in ihrer Heimat, dem Regenwald. Der größte Vogel, der nordafrikanische Strauß, wiegt bis zu 125 Kilogramm und ist damit fast 80 000-mal so schwer wie sein weit entfernt lebender Vetter. Es gibt eine enorme Vielfalt von Arten, denen es gelungen ist, sich so unterschiedliche Lebensräume wie das ewige Eis der Polarregion und die tropischen Regenwälder zu erobern.

DER KÖRPERUMRISS
Normalerweise ist der gesamte Körper eines Vogels bis auf den Schnabel und die Füße mit Federn bedeckt. Bei manchen Arten, wie z. B. den Geiern, sind Kopf und Hals unbefiedert.

DIE ATMUNG
Bis zu einem Fünftel des Körpervolumens eines Vogels wird von Luftsäcken eingenommen, die mit der Lunge verbunden sind. Die Luftsäcke erstrecken sich sogar bis in die Oberarmknochen.

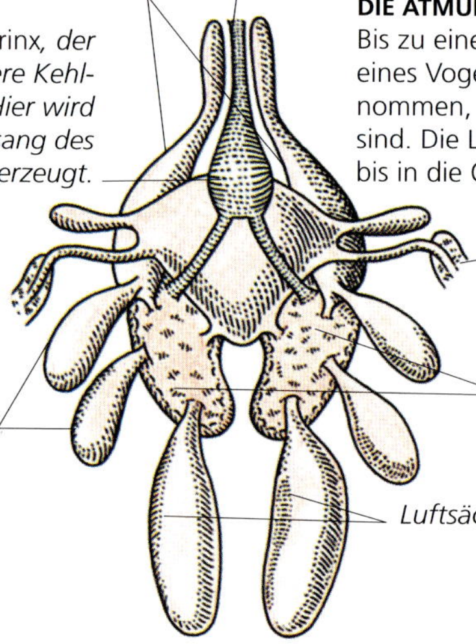

DAS VERDAUUNGSSYSTEM
Da Vögel keine Zähne haben, muss allein das Verdauungssystem alle Phasen der Zerkleinerung der Nahrung übernehmen. Bei Vögeln, die Pflanzen fressen, zermahlt der Muskelmagen die Nahrung zu einem Brei.

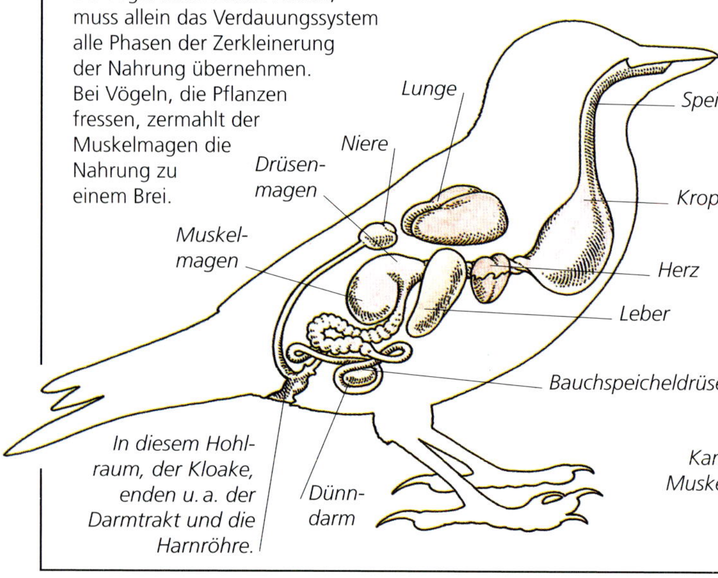

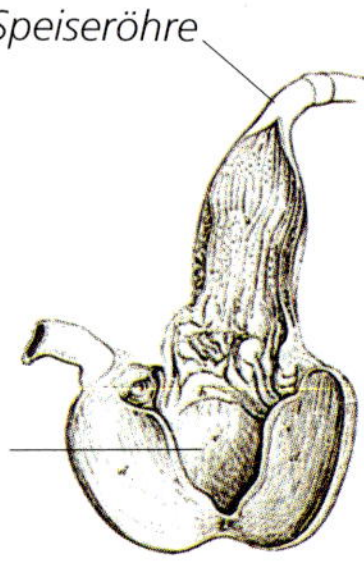

DER MUSKELMAGEN
Dieser Muskelsack zermahlt die Nahrung, oft mithilfe von Steinchen, die der Vogel zuvor verschluckt hat.

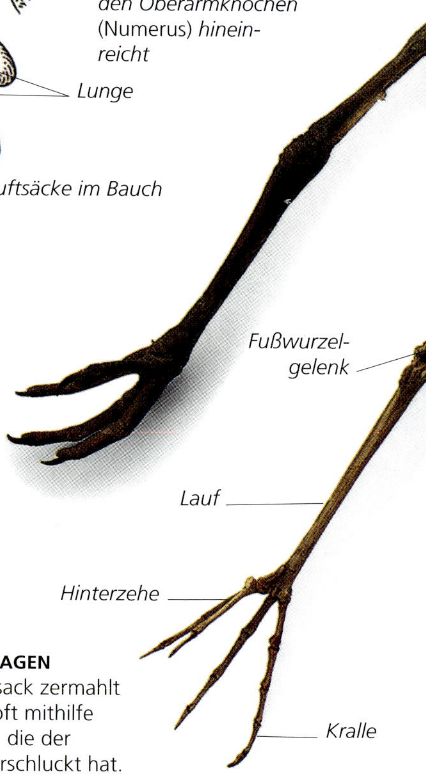

Auch sie fliegen

Viele Insekten können fliegen, doch Vögel und Fledertiere sind die einzigen Wirbeltiere, die sich aus eigener Kraft in die Luft erheben können. Einige andere Wirbeltierarten sind nur zum Gleitflug in der Lage.

ZUM FLIEGEN GEBAUT
Das Flugvermögen stellt enorme Anforderungen an den Vogelkörper. Ein Reiher kann z.B. im Gleitflug Energie sparen, wenn er erst einmal in der Luft ist, aber er braucht seine ganze Kraft, um überhaupt zu starten. Dabei hilft den Vögeln ihre hohe Stoffwechselrate, d.h. die Geschwindigkeit, mit der sie ihre Nahrung verbrennen und in Energie umwandeln können. Sie haben auch die höchsten Körpertemperaturen unter allen warmblütigen Tieren, bis zu 43,5 °C. Beim Menschen sind es nur 37 °C. Außerdem wird das Blut bei einem kleinen Vogel wie dem Rotkehlchen vom Herz, das 600-mal pro Minute schlägt, im Eiltempo durch den Körper gepumpt. Vögel besitzen ein leichtes Skelett und sie haben außerdem manche Knochen rückgebildet, die nicht unbedingt gebraucht wurden. Darüber hinaus kann ihre Lunge der Luft auch in großen Höhen ausgezeichnet Sauerstoff entnehmen. Das gut isolierende Federkleid verhindert, dass sie zu viel Wärme verlieren.

Graureiher

EXTRALANG: DER HALS
Der Hals setzt sich bei Vögeln aus mehr Knochen zusammen als bei den meisten anderen Wirbeltieren. Ein Reiher braucht beispielsweise einen sehr biegsamen Hals, damit er seine Nahrung fangen und außerdem jede Stelle seines Körpers mit dem Schnabel erreichen kann, um sich zu putzen. Er besitzt deshalb 16–17 Halswirbel, ein Schwan hat sogar bis zu 25, während alle Säugetiere – selbst Giraffen – nur 7 besitzen.

GEWICHT SPAREN
Knochen bestehen aus schwerem Material. Für Landtiere stellt ihr Gewicht kein allzu großes Problem dar, weil bis zu einem gewissen Grad zusätzliche Muskeln ausgebildet werden können, die sie bewegen. Vögel jedoch müssen ihr Gewicht innerhalb enger Grenzen halten, wenn sie flugfähig bleiben wollen. Das wird gewährleistet durch ein Leichtbau-Skelett. Die Knochen der Landtiere sind mehr oder weniger kompakte Stäbe, die langen Knochen flugfähiger Vögel sind stattdessen hohl und innen mit leichten Streben verstärkt. So lässt sich viel Gewicht einsparen. Das Skelett einer Taube macht beispielsweise nur ein Zwanzigstel ihres gesamten Körpergewichts aus. Bei vielen flugunfähigen Vögeln und Tauchvögeln sind die Knochen massiv.

FLUGHAHN
Dieser Fisch springt aus dem Wasser und gleitet auf ausgebreiteten Brustflossen dahin, um seinen Feinden zu entkommen.

FLUGHÖRNCHEN
Einige Hörnchen und andere baumbewohnende Säugetiere gleiten auf zusammenfaltbaren Hautlappen.

FLIEGENDE FRÖSCHE
Die Schwimmhäute zwischen den Zehen wirken wie Miniaturfallschirme und erlauben dem Frosch von Baum zu Baum zu gleiten.

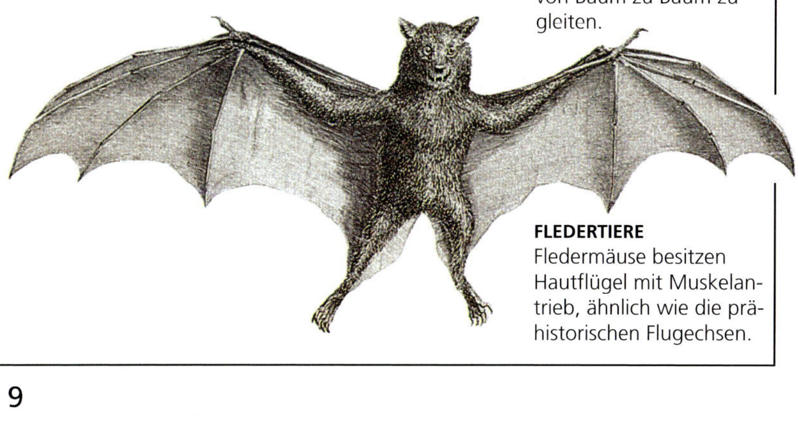

FLEDERTIERE
Fledermäuse besitzen Hautflügel mit Muskelantrieb, ähnlich wie die prähistorischen Flugechsen.

Flügel

Nur wenige Tiergruppen – Insekten, Fledermäuse und Vögel – können mit Muskelkraft fliegen und die Vögel sind bei Weitem die größten, schnellsten und kraftvollsten Flieger. Das Geheimnis ihres Erfolgs liegt in der Bauweise ihrer Flügel: Sie sind leicht, fest und biegsam. Zudem sind sie von vorn nach hinten leicht gekrümmt, wodurch ein „Tragflächen-Profil" entsteht, das den Vogel buchstäblich nach oben zieht, wenn die Flügel durch die Luft schlagen. Obwohl Größe und Form der Flügel sich je nach der Lebensweise der Vögel unterscheiden, sind alle nach dem gleichen Grundbauplan konstruiert, der hier am Beispiel eines Eulenflügels dargestellt ist.

ZU SCHWER
Die Flügel eines Vogels können dessen eigenes Gewicht tragen, zusätzlich auch noch leichtes „Gepäck" wie Futter und Nistmaterial. Schwerere Lasten können sie aber auf gar keinen Fall befördern.

HÖHENFLUG DER FANTASIE
In der Sage heißt es, Ikarus sei während seines Fluges von Kreta nach Griechenland zu nah an die Sonne gekommen, sodass das Wachs schmolz, das seine Federn hielt. Vögel, die in großer Höhe fliegen, müssen in Wirklichkeit mit ganz anderen Problemen fertig werden: mit dünner Luft, Sauerstoffmangel und Kälte.

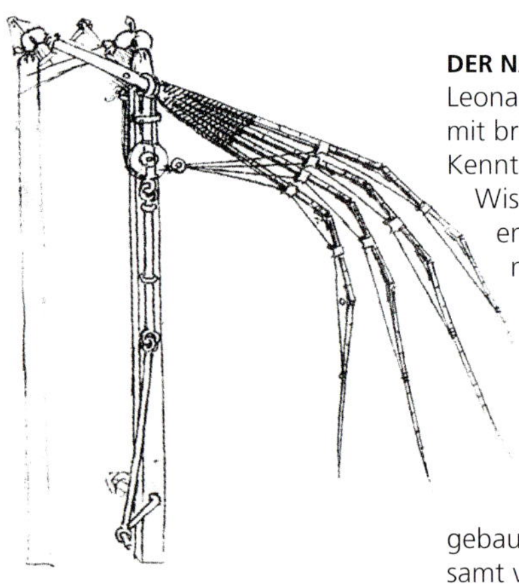

DER NATUR ABGESCHAUT
Leonardo da Vinci, ein Mann mit brillanten anatomischen Kenntnissen, nutzte sein Wissen, indem er Maschinen entwarf, die den Vogelflug nachahmen sollten. Er ersetzte Knochen durch Holz, Sehnen durch Seile und Federn durch Segeltuch. Soweit man weiß, wurde keines dieser Geräte je wirklich gebaut. Sie wären auch allesamt viel zu schwer gewesen.

DER FEHLSCHLAG MIT DEM FLÜGELSCHLAG
Die heroischen Vogelmenschen vergangener Zeiten erkannten nicht, dass die menschlichen Muskeln in jedem Fall viel zu schwach zum Fliegen waren. Erst viel später konnten Menschen wirklich aus eigener Kraft fliegen, und zwar dank der Erfindung des Propellers.

DER DAUMENFITTICH
Diese Federgruppe wird beim langsamen Flug abgespreizt, um den Auftrieb zu erhöhen.

HANDSCHWINGEN
Die Handschwingen erzeugen die Kraft zum Fliegen, wenn der Vogel die Flügel nach unten schlägt. Die äußersten Schwungfedern können zum Steuern benutzt werden.

Stockente im Flug

FLÜGELKNOCHEN
Die Flügelknochen – hier nach den entsprechenden Knochen im menschlichen Arm benannt – bilden ein System leichter Hebel, auf das die Flügelmuskeln einwirken können.

KLEINE FLÜGELDECKEN
Sie formen die Vorderkante, also den Teil des Flügels, auf den die entgegenkommende Luft zuerst trifft.

GROSSE FLÜGELDECKEN
In Reihen und dachziegelförmig übereinander angeordnet, bilden sie eine gewölbte Oberfläche, die für Auftrieb sorgt.

SCHIRMFEDERN
Die innersten Schwungfedern bilden den Übergang vom Flügel zum Rumpf. Sie verhindern Turbulenzen während des Flugs.

ARMSCHWINGEN
Die Armschwingen formen ebenfalls die zum Auftrieb nötige Wölbung.

Knochen des Vogelflügels

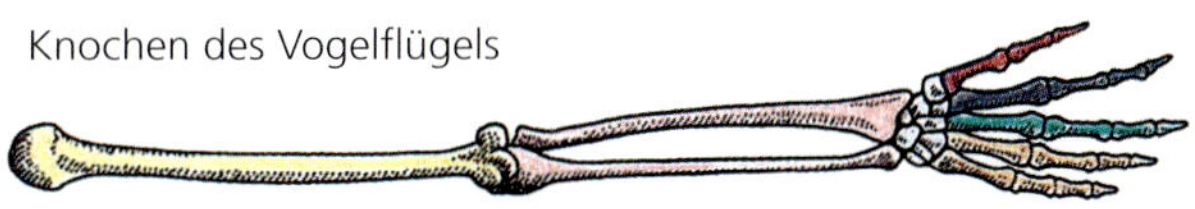

Knochen des menschlichen Arms

FLÜGEL UND ARME
Flügel und Arme haben sich aus einem gemeinsamen Grundtyp entwickelt. Der Flügel besitzt jedoch nur drei Finger, und die Handwurzel- und Mittelhandknochen sind miteinander verschmolzen.

Wendigkeit und Blitzstart

Für viele Vögel ist es weitaus wichtiger, über kürzere Strecken Beutetiere verfolgen oder Feinden entkommen zu können, als längere Zeit in der Luft zu bleiben. Für diese Art zu fliegen ist ein breiter, abgerundeter Flügel am besten geeignet, weil er eine schnelle Beschleunigung und präzise Richtungsänderungen ermöglicht. Diese Flügelform ist besonders bei Waldvögeln wie Spechten und Rauhfußhühnern sowie bei bodenbewohnenden Arten wie den Finken verbreitet.

SO FLIEGEN EULEN
Die Schleiereule fliegt langsam und schwankend.

Flügel des Grünfinken

Breite Flügelenden

SO FLIEGEN FINKEN
Die Flügel werden in regelmäßigen Abständen angelegt, um Energie zu sparen.

Grünfink

KURVENSPEZIALISTEN
Der gedrungene, abgerundete Flügel des Grünfinken ist typisch für viele Finken. Mit Ausnahme des Zuges fliegen sie selten weit. In der Luft ändern sie oft abrupt ihre Richtung. Ein Finkenschwarm fliegt bei der geringsten Gefahr sofort auf.

Die Handschwingen sind gebogen und weit.

Die gezähnelten Federränder verringern Luftturbulenzen und dämpfen das Geräusch, das beim Fliegen entsteht.

Die Flügeldecken sind weich und dunig.

Flügel der Schleiereule

Schleiereule

FLÜGEL MIT SCHALLDÄMPFUNG
Der Flügel einer Schleiereule fühlt sich fast pelzig an. Die fein gezähnelten Federränder dämpfen das Fluggeräusch. Kleine Tiere können die anfliegende Eule nicht hören.

Flügel der Blauracke

Breite Schwungfedern ermöglichen schnelle Schwenks.

Blauracke

VON WARTE ZU WARTE
Die Blauracke, ein Vogel von der Größe eines Eichelhähers, fängt kleine Tiere, indem sie sich auf sie herabstürzt. Sie erspäht ihre Beute von Sitzwarten auf Mauern und Bäumen aus und fliegt langsam, fast gemächlich, von einem Ansitz zum anderen.

SO FLIEGEN RACKEN
Die Blauracke fliegt kräftig und wellenförmig, mit Gleitphasen.

Helle und dunkle Streifen tarnen den Vogel, wenn er am Boden frisst.

Der Flügel hat eine breite Oberfläche zum Manövrieren, aber eine ausgeprägte Spitze. Sie verrät den schnellen Flieger.

Flügel der Schopftaube

STÄNDIG BEREIT ZUR FLUCHT
Wie die meisten Tauben wird die Turteltaube von vielen Feinden gejagt. Starke Flugmuskeln (die ein Drittel ihres Gewichts ausmachen) ermöglichen es ihr, blitzschnell zu starten und bis auf 80 km/h zu beschleunigen.

Turteltaube

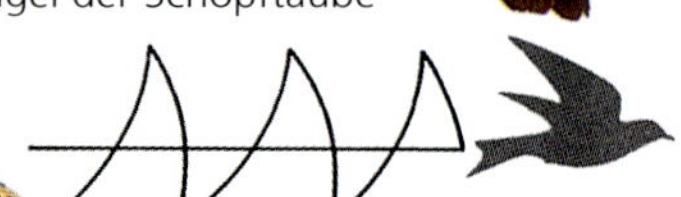

SO FLIEGEN DIE TURTELTAUBEN
Die Flügel schlagen rasch und ohne Pause.

Flügel des Grünspechts

SO FLIEGEN SPECHTE
Spechte beschreiben viel ausgeprägtere Wellenbewegungen als die meisten anderen Vögel.

Fasane im Flug

Fasanenflügel

AUF SICHEREM KURS
Im dichten, unübersichtlichen Wald braucht der Grünspecht kurze, runde Flügel, damit er Hindernissen rasch ausweichen kann. Dank seiner Flügelform kann er auch die Anfluggeschwindigkeit beim Landen an einem Stamm genau dosieren.

Grünspecht

Flügel der Birkhenne

SENKRECHTSTARTER
Fasane fliegen nur ungern. Bei Störungen steigen sie mit ihren breiten Flügeln fast senkrecht nach oben und entfernen sich dann in geradlinigem Gleitflug.

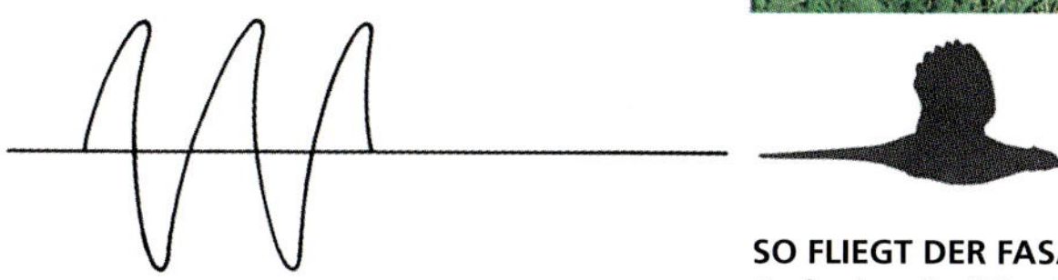

SO FLIEGT DER FASAN
Auf schnelle Flügelschläge folgt eine längere Gleitphase.

RASCH IN DECKUNG
Wie Fasane und andere Hühnervögel verbringen Rauhfußhühner die meiste Zeit am Boden. Bei Gefahr schmiegen sie sich zunächst an den Erdboden. Erst im letzten Moment springen sie hoch und schlagen gleichzeitig die geöffneten Flügel heftig nach unten, um fast senkrecht aufzufliegen. Rauhfußhühner fliegen abwechselnd mit schnellen Flügelschlägen und kurzen Gleitphasen. Sie sind Kurzstreckenflieger, die rasch wieder landen. Bei fast allen Hühnervögeln sind die Flügel der Weibchen tarnfarben, während die Männchen auffälliger gefärbt sind.

Birkhenne

Flügel des Birkhahns

Geschwindigkeit und Ausdauer

Wenn ein Mauersegler vor dem Nestbau zum ersten Mal für kurze Zeit landet, beendet er damit einen Flug, der ohne Unterbrechung drei Jahre gedauert haben kann. Der Mauersegler landet nur zum Nisten – seine schmalen, sichelförmigen Flügel sind vollständig an ein Leben in der Luft angepasst. Auf ähnliche Weise haben sich die Flügel anderer Vögel auf bestimmte Aufgaben spezialisiert. Vögel, die schnell und kraftvoll fliegen, haben im Allgemeinen spitze Flügel. Diese Flügelform gibt den Vögeln genügend Auftrieb, ohne zu viel Luftwiderstand zu erzeugen. Alle hier abgebildeten Flügel sind auf den Ruderflug spezialisiert, bei dem der Vogel die Flügel aktiv bewegt. Im Gegensatz dazu steht der Segelflug (S. 16).

Flügel des Eisvogels

Wasserdichte Schwungfedern

Dunen

Eisvogel

VON 0 AUF 100 IN 10 SEKUNDEN
Der schnelle, aber meist nur kurze Flug des Eisvogels erfordert gedrungene, dreieckige Flügel. Diese Flügelform erlaubt es dem Vogel, nach dem Tauchen direkt vom Wasser abzufliegen.

Lange Handschwingen

Flügel des Mauerseglers

Kurze Armschwingen

Mauersegler

NONSTOP-FLUG
Die langen, gebogenen Flügel des Mauerseglers erlauben es ihm, mit einer Durchschnittsgeschwindigkeit von 40 km/h ununterbrochen zu fliegen.

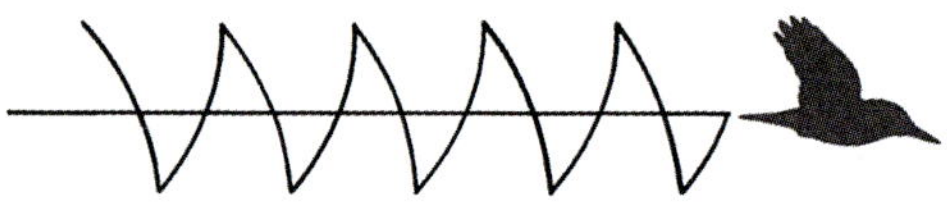

SO FLIEGT DER EISVOGEL
Schwirrende Flügelschläge tragen den Eisvogel von einem Ansitz zum nächsten. Er kann den Flug abrupt unterbrechen, um nach Fischen zu tauchen.

SO FLIEGT DER MAUERSEGLER
Beim Mauersegler wechseln schnelle Flügelschläge und kurze Gleitphasen einander ab.

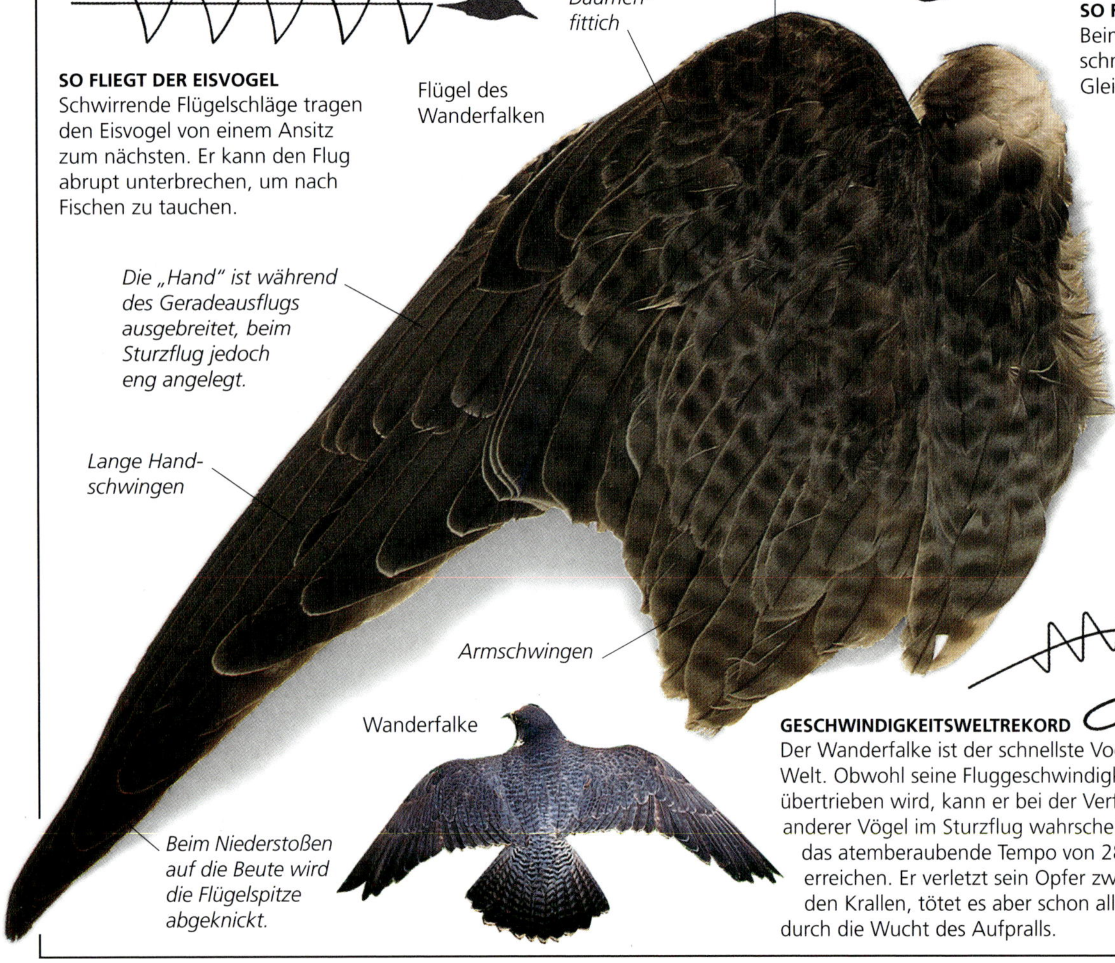

Flügel des Wanderfalken

Flügeldecken

Daumenfittich

Die „Hand" ist während des Geradeausflugs ausgebreitet, beim Sturzflug jedoch eng angelegt.

Lange Handschwingen

Armschwingen

Beim Niederstoßen auf die Beute wird die Flügelspitze abgeknickt.

SO FLIEGT DER WANDERFALKE
Im Sturzflug legt der Wanderfalke die Flügel an. Sie können, wie hier, halb geöffnet sein oder eng am Körper anliegen.

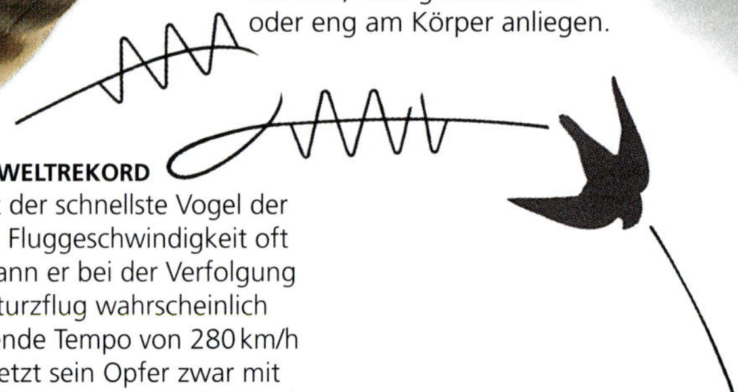

Wanderfalke

GESCHWINDIGKEITSWELTREKORD
Der Wanderfalke ist der schnellste Vogel der Welt. Obwohl seine Fluggeschwindigkeit oft übertrieben wird, kann er bei der Verfolgung anderer Vögel im Sturzflug wahrscheinlich das atemberaubende Tempo von 280 km/h erreichen. Er verletzt sein Opfer zwar mit den Krallen, tötet es aber schon allein durch die Wucht des Aufpralls.

LANGSTRECKENZIEHER
Viele Gänse legen jedes Jahr enorme Entfernungen zurück, um in der arktischen Tundra zu brüten. Sie fliegen nicht besonders schnell – ihre Reisegeschwindigkeit liegt etwa bei 55 km/h –, aber sie können diese Geschwindigkeit viele Stunden lang ohne Unterbrechung halten. Gänseflügel sind lang und breit, damit sie den nötigen Auftrieb liefern, um die bis zu 5 kg schweren Vögel in der Luft halten zu können.

Zwerggans

Flügel der Löffelente

RASCHER TRANSIT
Auch viele Enten, wie diese Löffelente, sind Zugvögel, doch sie ziehen in der Regel nicht so weit wie die Gänse, aber sie fliegen schneller. Eine Ente kann bis zu 1600 km an einem einzigen Tag zurücklegen und erreicht dabei im Durchschnitt eine Geschwindigkeit von 70 km/h. Viele Enten haben einen leuchtend bunten Fleck auf jedem Flügel, den „Spiegel", der bei manchen Arten nur in der Brutzeit zu sehen ist.

Löffelente

Flügel der Zwerggans

SO FLIEGEN ENTEN UND GÄNSE
Die Flügel sind ohne Unterbrechung in Bewegung.

Flügel der Spießente

WASSERDICHTE FLÜGEL
Wie die meisten Enten kann die Spießente einer Gefahr im Zickzackflug ausweichen. Sie öffnet und schließt ihre spitzen Flügel und kann so schnell ihre Richtung ändern. Damit die Flügel flugtauglich bleiben, imprägniert sie die Spießente mit einem Öl, das von einer Drüse am Bürzel produziert wird.

Spießente

Segeln, Gleiten, Rütteln

Kolibris, die kleinsten flugfähigen Vögel, rütteln bei der Nahrungsaufnahme.

Wenn ein Vogel mit den Flügeln schlägt, verbraucht er viel Energie – ungefähr 15-mal so viel wie in der Ruhe. Manche Vögel haben es jedoch geschafft, Flugweisen zu entwickeln, die weitaus weniger anstrengend sind. Große Vögel segeln und gleiten. Sie machen sich dabei die Kraft der Sonne oder des Windes zunutze, um in der Luft zu bleiben. Die entgegengesetzte Methode ist das Rütteln: Die Vögel verharren in der Luft an einer Stelle, indem sie pausenlos mit den Flügeln schlagen, so wie ein Schwimmer Wasser tritt, um nicht unterzugehen.

Der schmale Flügel sorgt während des Gleitflugs für Auftrieb, ohne zu viel Luftwiderstand zu erzeugen.

Flügel der Mantelmöwe

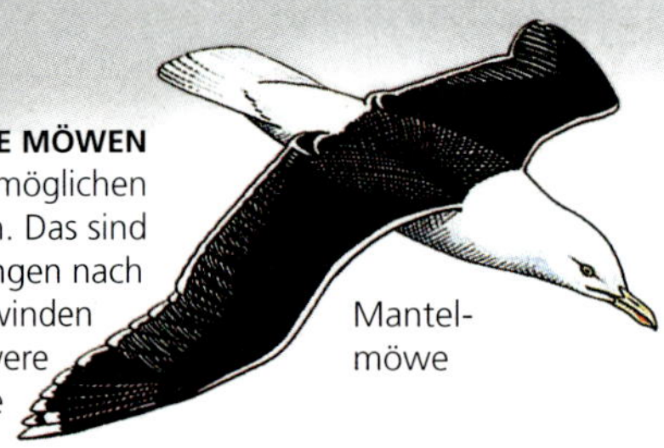

Mantelmöwe

GLEITENDE MÖWEN
Schmale, spitze Flügel ermöglichen es den Möwen, in Aufwinden zu gleiten. Das sind Luftströme, die von Klippen und Berghängen nach oben abgelenkt werden. Der von diesen Aufwinden erzeugte Auftrieb ist stark genug, um schwere Vögel wie die Mantelmöwe zu tragen, die immerhin mehr als 2 kg wiegt.

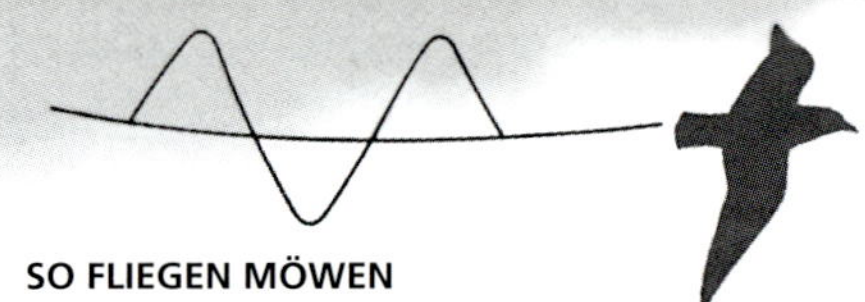

SO FLIEGEN MÖWEN
Im aktiven Ruderflug können Möwen eine Geschwindigkeit von 40 km/h erreichen, während sie bei starkem Aufwind bewegungslos über dem Boden in der Luft stehen können.

Die inneren Armdecken bilden einen nahtlosen Übergang vom Flügel zum Körper.

Schlitze zwischen den Handschwingen zur Verringerung von Turbulenzen

Flügel des Turmfalken

Turmfalke

IN DER LUFT „AUFGEHÄNGT"
Viele Vögel können einen kurzen Augenblick lang rütteln, aber nur wenige können diese Flugweise über längere Zeit durchhalten, da sie außerordentlich anstrengend ist. Eine solche Ausnahme ist der Turmfalke, der rüttelt, während seine scharfen Augen aus großer Höhe Spitzmäuse und Wühlmäuse erspähen.

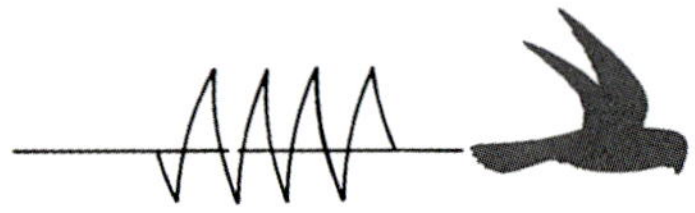

SO FLIEGT DER TURMFALKE
Im Geradeausflug werden die Flügel schnell und gleichmäßig durchgeschlagen.

TURMFALKE BEIM RÜTTELN
Die Flügel schlagen rasch, der gefächerte Schwanz verleiht dem Vogel im Gegenwind zusätzlichen Auftrieb.

Nichtflieger

Vor Jahrmillionen durchstreiften riesige flugunfähige Vögel die Erde. Nur ein paar Dutzend kleinere Arten gibt es noch heute.

Flossenförmiger Pinguinflügel

Der steife Flügel dient als Antriebsflosse.

Dichtes Gefieder

Adeliepinguine in der Antarktis

FLÜGEL ALS FLOSSEN
Pinguine schwimmen, indem sie unter Wasser mit ihren Flügeln „fliegen". Der Kaiserpinguin kann bis zu 265 m tief tauchen, wobei er seine Flügel zur Fortbewegung benutzt.

Nanduflügel

„Arm"

Dunenfedern isolieren gut, für den Auftrieb sind sie dagegen nutzlos.

„Hand"

Nandu

LAUFVÖGEL
Nandus sind die südamerikanischen Vertreter der Strauße. Ihre Schwungfedern sind lang, aber nicht zum Fliegen geeignet.

DER SCHWERSTE VOGEL
Ornithologen haben errechnet, dass kein Vogel fliegen kann, der schwerer als 18 kg ist, weil die Muskelkraft bei einem höheren Gewicht auf keinen Fall reichen würde, den Vogel in der Luft zu halten. Der afrikanische Strauß, der bis zu 120 kg auf die Waage bringt, ist fast siebenmal so schwer. Die schwachen Flügel tragen einen Fächer aus 16 flaumigen Schwungfedern. Obwohl der Strauß nicht fliegen kann, erreicht er im Lauf über 50 km/h.

Die gerade Vorderkante wird beim Segeln schräg aufwärts gestellt.

Die Handschwingen werden zum Steuern benutzt.

Gespreizte „Finger" helfen Luftturbulenzen zu verringern.

Die breiten Armschwingen sorgen für Auftrieb, wenn der Vogel in einer Thermik segelt.

Flügel des Mäusebussards

MÜHELOS NACH OBEN
Schwere Greifvögel wie der Mäusebussard segeln in aufsteigenden Luftströmungen, die man Thermik nennt. Sie müssen nur dann zum Ruderflug übergehen, wenn sie von einer Thermik zur nächsten gelangen wollen.

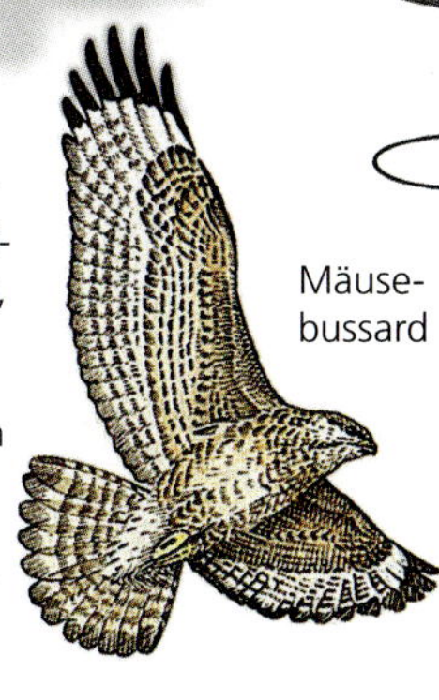

Mäusebussard

SO FLIEGT DER MÄUSEBUSSARD
Alle Segler beschreiben enge Kreise, um in der aufsteigenden Luft einer Thermik zu bleiben.

Schwanz

Im Lauf ihrer Entwicklung hat sich bei den Vögeln allmählich jener Teil der Wirbelsäule stark verändert, der bei anderen Tieren den Schwanz bildet. Sie haben diesen Körperteil weitgehend durch Federn ersetzt. Manche Vögel (wie die Trottellumme und der Papageitaucher) haben so gut wie gar keinen Schwanz, während andere (z. B. Pfaue und die Männchen der Paradiesvögel) so lange Schwanzfedern besitzen, dass es schwierig ist, damit zu fliegen.

Gefächerter Schwanz beim Anflug, die Körperhaltung ist waagerecht.

Bei der Landung sind die Füße vorgestreckt und bereit den Ast zu umfassen.

Wenn der Vogel sich auf dem Sitzplatz niedergelassen hat, legt er den Schwanz zusammen.

LANDEKLAPPE
Wenn ein Vogel zur Landung ansetzt, senkt er seine Steuerfedern und breitet sie aus. Die Federn wirken wie eine Bremse und verlangsamen den Anflug.

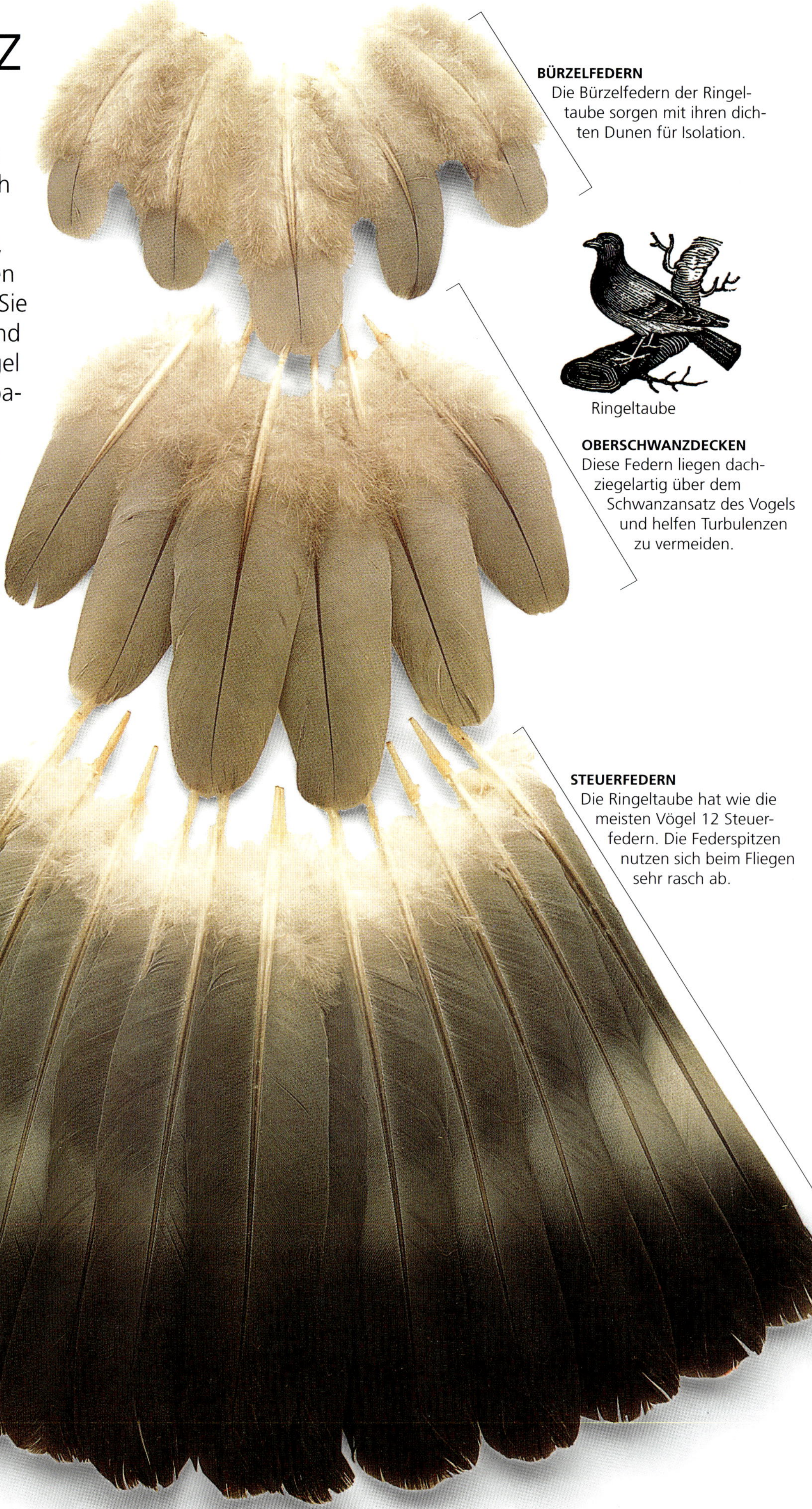

BÜRZELFEDERN
Die Bürzelfedern der Ringeltaube sorgen mit ihren dichten Dunen für Isolation.

Ringeltaube

OBERSCHWANZDECKEN
Diese Federn liegen dachziegelartig über dem Schwanzansatz des Vogels und helfen Turbulenzen zu vermeiden.

STEUERFEDERN
Die Ringeltaube hat wie die meisten Vögel 12 Steuerfedern. Die Federspitzen nutzen sich beim Fliegen sehr rasch ab.

Abgenutzte, zerfranste Federspitzen

Schwanzformen

Wer fliegen will, muss seine Körperform den Gesetzen der Aerodynamik unterordnen. Daher haben Vögel, die viel Zeit in der Luft verbringen, stets leichte und stromlinienförmige Schwänze. Dagegen konnten andere Vögel – v. a. solche, die am Boden oder in Waldgebieten leben, – Schwanzformen entwickeln, die in erster Linie anderen Zwecken dienen. Einige davon werden benutzt, um das Gleichgewicht zu halten, andere zum Abstützen und wiederum andere, um die Aufmerksamkeit eines Partners zu erregen.

Elster

Schwanz der Elster

EINE AUSGEWOGENE SACHE
Die mittleren Steuerfedern der Elster sind fast 25 cm lang. Lange Schwänze spielen normalerweise bei der Balz eine wichtige Rolle. Da jedoch bei der Elster sowohl männliche als auch weibliche Tiere einen langen Schwanz besitzen, dient er vermutlich eher dazu, am Boden oder beim Klettern das Gleichgewicht zu halten.

Schwanz des Fichtenkreuzschnabels

GEGABELT UND GEKERBT
Bei manchen Vögeln sind die mittleren Steuerfedern am längsten. Bei anderen, besonders bei vielen Finken, sind es die äußeren. Dadurch erhält der Schwanz eine gekerbte Form, die kleinen Vögeln offensichtlich eine bessere Manövrierfähigkeit verleiht.

Fichtenkreuzschnabel

Schwanz des Grünspechts

Buntspechtschwanz

Schwanz des Birkhahns

Buntspecht

FESTER HALT
Ein Specht benutzt seinen Schwanz als Stütze, wenn er sich an einem Baumstamm anklammert. Die Schwanzfedern eines Spechts sind ungewöhnlich steif, sodass sie das Gewicht des Vogels zum großen Teil tragen können. Da sie stark beansprucht werden, nutzen sich die Federspitzen rasch ab.

Beim Fasanenhahn sind die Schwung- und Schwanzfedern beim Start zu sehen.

Birkhahn

EIN SCHMUCK FÜR DIE BALZ
Der Birkhahn hat leierförmige Schwanzfedern, während die Schwanzfedern der Henne gerade sind. Derartige Unterschiede sind ein sicheres Zeichen dafür, dass sich diese Schwanzform als Signal für die Balz entwickelt hat.

Pfau

Federn unter der Lupe

Federn sind die große Erfindung der Evolution, durch die sich Vögel von allen anderen Tieren unterscheiden. Das Gefieder mancher Kolibris kann aus weniger als 1000 Federn bestehen, während große Vögel wie der Schwan mehr als 25 000 Federn haben können. Genau wie Haare, Krallen und Hörner bestehen Federn aus einem Protein namens Keratin. Diese Substanz verleiht ihnen ihre große Festigkeit und Biegsamkeit. Doch trotz ihrer komplizierten Bauweise sind voll ausgewachsene Federn eigentlich tote Gebilde. Während des Wachstums spalten sie sich auf und bilden ein komplexes Netz von miteinander verflochtenen Ästen und Strahlen. Sobald dieser Vorgang abgeschlossen ist, wird ihre Blutversorgung unterbrochen. Die Federn erfüllen dann eine gewisse Zeit ihren Zweck, falls sie nicht zufällig verloren gehen, und werden schließlich, wenn sie abgetragen sind, in der Mauser abgeworfen.

EINE ZERBRECHLICHE ANGELEGENHEIT
Eine mittelamerikanische Sägeracke verändert die Form ihrer Steuerfedern beim Putzen. Wenn sie auf eine solche Feder einpickt, brechen die Seitenäste ab. Zurück bleibt ein nackter Schaftabschnitt, der in einer löffelförmigen Spitze endet. Man hat bisher noch nicht ermitteln können, warum die Vögel das tun.

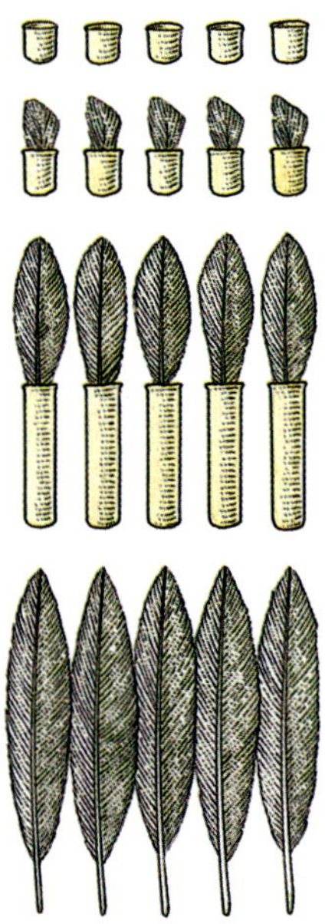

WIE FEDERN WACHSEN
Wenn Federn zu wachsen beginnen, sind Schaft und Fahne zunächst noch in einer Hülle eingerollt, die man Federscheide nennt. Die Spitze der Feder tritt dann langsam aus der größer werdenden Scheide heraus, entrollt sich und teilt sich, um eine flache Fahne zu bilden. Schließlich fällt die Federscheide ab und zurück bleibt die voll ausgeformte Feder.

FEDERSPULE
Die hohle Spule enthält die Federseele, häutige Reste aus der Wachstumszeit.

MENSCHEN UND FEDERN
Federn wurden vom Menschen lange Zeit als Schmuck, aber auch für praktischere Zwecke benutzt. Für den Kopfputz und die Schreibfeder hat man Schwungfedern verwendet. Die Daunen von Enten und Gänsen werden noch heute als Bettdeckenfüllung gesammelt, während die leuchtend bunten Federn mancher tropischer Vögel u. a. zu künstlichen Fliegen für Angler verarbeitet werden.

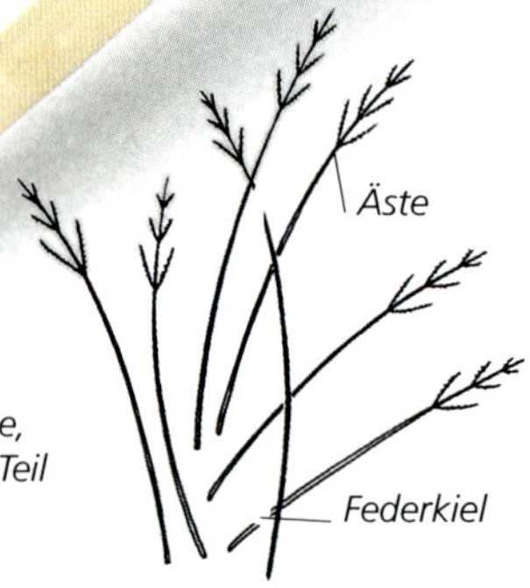

FADENFEDERN
Diese haarähnlichen Gebilde, die man zwischen den Konturfedern am Vogelkörper findet, helfen dem Vogel festzustellen, wie sein Gefieder liegt.

GETEILTE FEDERN
Manche Federn sind geteilt und bilden zwei unterschiedliche Hälften, die vom gleichen Kiel ausgehen. So kann eine einzelne Feder zwei verschiedene Funktionen erfüllen.

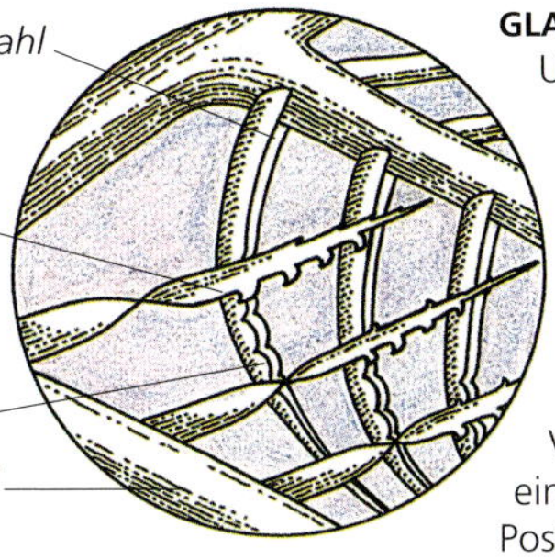

GLATT GENUG ZUM FLIEGEN
Um funktionsfähig zu sein, muss die Schwungfeder über eine durchgängig glatte Oberfläche verfügen, über welche Luft hinströmen kann. Diese Oberfläche wird von Tausenden von Strahlen gebildet, die auf beiden Seiten jedes Asts liegen und sich durch Häkchen und Kerben miteinander verbinden. Wenn die Häkchen der Strahlen aufreißen, bringt der Vogel sie durch Putzen einfach in ihre alte Position zurück.

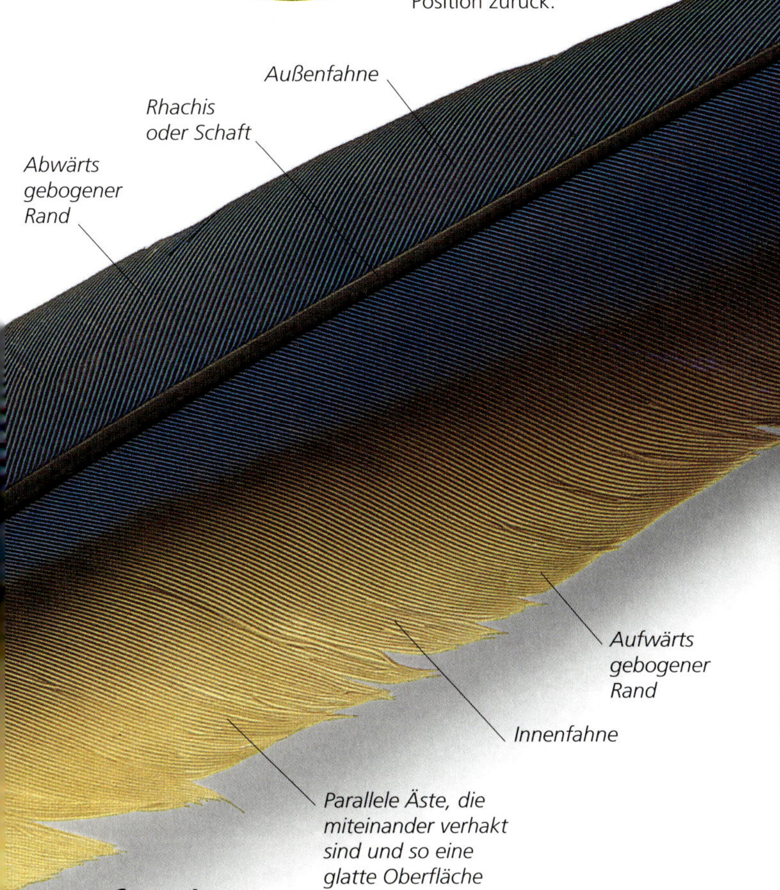

Stärkere Vergrößerung einer Arafeder

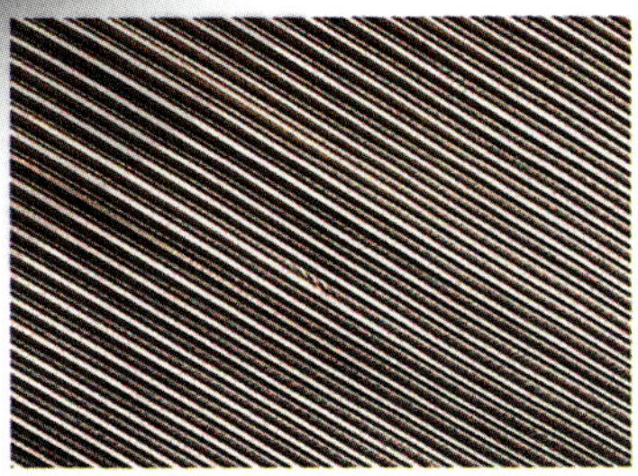

Vergrößert dargestellte Schwungfeder eines Hellroten Aras: Man erkennt Äste und Strahlen.

DIE FEDER IN DER FEDER
Bei starker Vergrößerung sehen Äste und Strahlen beinahe wie Miniaturfedern aus. Bei Schwungfedern wie dieser stehen die Äste sehr dicht, während die Strahlen kurz und zahlreich sind. Im Gegensatz dazu sind die Äste der Dunenfedern weniger zahlreich und außerdem wesentlich länger. Sie besitzen nicht selten überhaupt keine Strahlen (S. 26).

Gefiederpflege

Die tägliche Benutzung nimmt die Federn arg mit. Außerdem werden sie schnell schmutzig und auch von Parasiten wie den Federlingen befallen. Die meisten Federn werden alljährlich in der Mauser erneuert, aber trotzdem müssen die Vögel einen Großteil ihrer Zeit damit verbringen, ihr Gefieder in gebrauchsfähigem Zustand zu halten. Das tun sie, indem sie sich putzen: Sie benutzen den Schnabel wie einen Kamm, um die Äste und Strahlen ihrer Federn zusammenzuziehen. Spezielle Methoden der Gefiederpflege sind Einfetten, Pudern und Baden in Wasser oder Staub.

EINPUDERN
Reiher und einige andere Vögel besitzen spezielle Federn, die zu Puder zerfallen, die Puderdunen. Das Bestäuben mit Puder hält das Gefieder in gutem Zustand. Anders als andere Federn hören Puderdunen niemals auf zu wachsen.

STAUBBÄDER
Staub reibt Schmutz und Fett von den Federn und bindet diese Substanzen gleichzeitig.

EICHELHÄHER BEIM EINEMSEN
Eichelhäher lassen sich manchmal Ameisen über die Federn laufen. Man vermutet, dass die giftige Ameisensäure Parasiten aus dem Gefieder der Vögel vertreibt.

Federtypen

Das Gefieder eines Vogels besteht im Wesentlichen aus vier Arten von Federn: Dunen, Konturfedern, Steuer- und Schwungfedern. Viele Federn sind düster und unauffällig, andere jedoch hübsch geformt und bunt.

DUNEN
Diese weichen Federn binden mit einer Unzahl feiner Äste eine Luftschicht am Körper und sorgen damit für Wärmeschutz.

KONTURFEDERN
Diese Federn verleihen dem Vogel seine stromlinienförmige Gestalt.

STEUERFEDERN
Sie dienen zum Manövrieren in der Luft.

FEDERN IM ARMBEREICH
Sie sorgen für eine glatte, windschlüpfrige Oberfläche.

FEDERN IM BEREICH DER HAND
Sie sind die kräftigsten Federn im Gefieder des Vogels und liefern den nötigen Auf- und Vortrieb.

Federn am Flügel

Die Flügelfedern gehören zu den wichtigsten Teilen im Flugapparat der Vögel. Sie vereinen Festigkeit mit geringem Gewicht und Biegsamkeit. Im Vergleich zum übrigen Körper haben die Flügel relativ wenige Federn, aber jede einzelne ist wichtig, weil sie zusammen mit den benachbarten Federn eine Oberfläche bildet, die perfekt zum Fliegen geeignet ist.

ASYMMETRISCHE BAUWEISE
Schwanzfedern – rechts die eines Nymphensittichs – sind mit Schwungfedern leicht zu verwechseln, weil auch bei ihnen die Außenfahnen schmaler sind als die Innenfahnen, wenn es sich um Außenfedern handelt.

ANGESTUFTE FORMEN
Je weiter die Schwungfedern von der Flügelspitze entfernt sind, desto kürzer und breiter werden sie.

Die „Hand"

Diese Federn liefern den größten Teil der zum Fliegen benötigten Kraft und verhindern, dass der Vogel „durchsackt". Die äußersten Schwungfedern können abgespreizt oder geschlossen werden und helfen beim Steuern.

HANDDECKEN
Sie überdecken den Ansatz der Schwungfedern und machen den Flügel besonders windschlüpfrig.

OBEN UND UNTEN
Viele Flügelfedern haben abweichend gefärbte Unterseiten. Arafedern brechen das Licht und erzeugen damit schillernde Farben.

LEISE FEDERN
Die gezähnelten Ränder der Eulenfedern unterbrechen den Luftstrom und dämpfen das Fluggeräusch des Vogels.

VERENGTE FAHNEN
Die Verengung in dieser Krähenfeder erzeugt eine Lücke im Flügel, die die Bildung von Luftwirbeln verringert.

STRAPAZIERFÄHIGE FEDERN
Der Höckerschwan, der bis zu 12 kg wiegen kann, braucht außerordentlich lange und feste Federn, um die zum Fliegen nötige Kraft aufzubringen. Die Handschwingen können bis zu 45 cm lang, aber nur 15 g schwer werden.

Der „Arm"

Die Armschwingen sind im Allgemeinen kürzer als die Handschwingen. Sie werden beim Fliegen nicht so stark belastet. Daher sind ihre Kiele kürzer und die Federn sind weniger fest verankert. Mit Ausnahme einiger Schmuckfedern sind sie auch symmetrischer als die Handschwingen.

SYMMETRISCHE FAHNEN
Die Armschwingen – hier die eines Bergsittichs – sind vom Wind abgewandt. Sie liegen nicht quer zum Wind. Sie müssen daher nicht asymmetrisch geformt sein, da sie keinen Auftrieb erzeugen.

NUR BEIM FLIEGEN BUNT
Die leuchtenden Farben vieler Vögel sind nur zu sehen, wenn die Flügel ganz entfaltet sind.

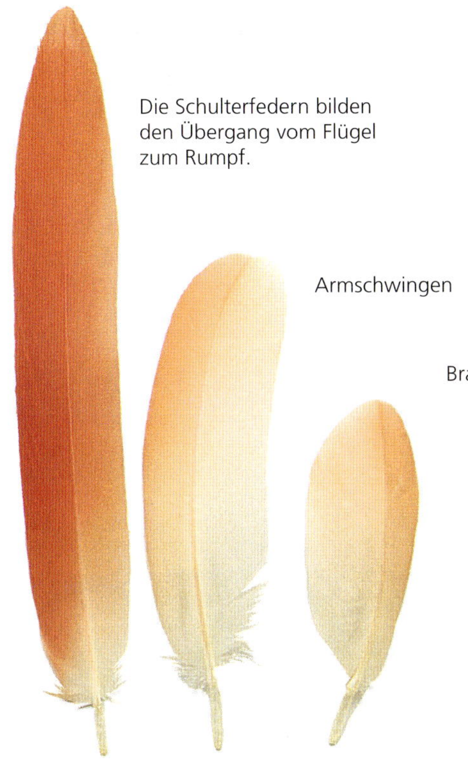

DIE NAHRUNG BESTIMMT DIE FARBE
Flamingos ernähren sich von Krabben und anderen Krebstieren. Die darin enthaltenen Farbstoffe lagern sich in den Federn ab.

AN DER GRENZE
Die Schwungfedern an der Grenze zwischen Hand- und Armfittich haben gebogene Kiele und abgerundete Spitzen. Manchmal tragen sie eine bunte Zeichnung, die dann im Flug zu sehen ist.

DAS „SEGEL" DER MANDARINENTE
Der Erpel der Mandarinente besitzt zwei dieser außergewöhnlichen Schmuckfedern – eine an jeder Flügelbasis. Sie werden während der Balz aufgestellt.

FEDERN ZUR TARNUNG
Braune Federn mit Streifenmuster verbergen die Waldschnepfe vor Feinden (S. 30).

DIE FLÜGEL VON UNTEN
Wie die Oberflügeldecken liegen die Unterflügeldecken sehr dicht nebeneinander und bilden eine glatte Oberfläche. Der Unterflügel ist konkav und nicht konvex wie der Oberflügel.

VÖGEL, DIE SELTEN FLIEGEN
Diese Feder stammt von einem wilden Truthuhn. Wie viele andere Bodenbewohner benutzt es seine Federn selten zum Fliegen.

ARMDECKEN
Die Armdecken – hier die eines Mäusebussards – bilden zusammen mit den Randdecken eine glatte Oberfläche. Ihre Dunen zeigen, dass sie gleichzeitig zur Isolierung des Körpers dienen.

Arten von Federn

Federn sind nicht nur zum Fliegen da. Sie isolieren den Vogelkörper und imprägnieren ihn gegen Wasser. Sie ermöglichen auch dem Vogel, sich zu verstecken, einen Partner anzulocken, seine Eier auszubrüten und am Boden das Gleichgewicht zu halten. Diese verschiedenen Aufgaben werden von drei Arten von Federn wahrgenommen: den Konturfedern, den Dunen und den Steuerfedern. Wie sie funktionieren, hängt von ihrer Form ab und davon, ob ihre Äste mit Häkchen verbunden sind.

Dunen

Dunen findet man direkt auf der Haut des Vogels. Ihre Äste verhaken sich nicht ineinander, sondern breiten sich aus und bilden eine weiche, unregelmäßige Masse. Dunen sind einer der wirkungsvollsten Wärmedämmstoffe, die man im Tierreich findet.

FEDERÄSTE OHNE HÄKCHEN
Bei dieser Dunenfeder eines Pfaus kann man die einzelnen Äste erkennen. Sie halten Luft am Körper fest, die unter den Konturfedern eine isolierende Schicht bildet.

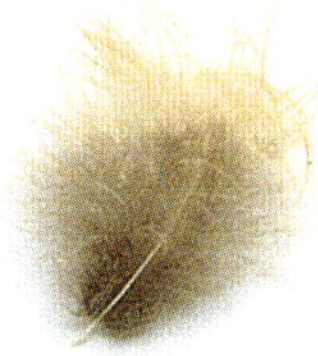

WÄRMESCHUTZKLEID
Kleine Dunen wie diese von einem Rebhuhn liegen am Vogelkörper dicht an dicht und bilden eine pelzartige Masse.

FEDERN ALS BRUTHILFE
Viele Vögel – darunter die Krickente – reißen sich Brustfedern aus, um ihre Eier vor der Kälte zu schützen. Manche dieser Federn werden gesammelt und als Füllmaterial für Bettdecken verwendet.

FEDERN MIT DOPPELFUNKTION
Viele Federn besitzen Dunen an der Basis, dort, wo sie am Körper befestigt sind, wie man an dieser Feder eines Silberfasans sehen kann.

Federn am Körper

Körperfedern gibt es in unzähligen Formen und Größen. Manche dienen nur dazu, den Vogelkörper vor Wärmeverlust zu schützen, andere spielen eine Rolle bei der Balz. Sie sind oft bunt oder seltsam geformt.

TROPISCHER FARBENREICHTUM
Leuchtende, bunte Farben kommen bei Vögeln, die in den Tropen leben, häufiger vor als bei solchen, die in gemäßigten Zonen zu Hause sind. Es kann sein, dass sie den Vögeln helfen, ihre Artgenossen von den anderen vielen Vögeln zu unterscheiden, die ihren Lebensraum bevölkern.

MUSTER UND ZEICHNUNGEN
Bei vielen auffallend gezeichneten Arten weisen nur die sichtbaren Federspitzen ein deutliches Muster auf. Die Federbasis ist einfarbig wie bei diesem Fasan.

SCHWERGEWICHT
Diese Körperfeder stammt von einer Trappe, einem der schwersten flugfähigen Vögel der Welt.

GRÜN WIE DAS LAUB
Die mattgrünen Spitzen der Körperfedern des Grünspechts bilden ein ideales Tarnkleid zwischen den Blättern der Bäume.

FASANENKRAGEN
Die Nackenfedern des Goldfasanhahns bilden einen leuchtenden schwarzgoldenen Kragen. Diese Federn waren früher bei Fischern begehrt, die sie als Anglerfliegen verwendeten.

HOCHZEITSKLEID
Bei manchen Vögeln sind bestimmte Federn einzig und allein dazu da, einen Partner anzulocken. Diese herabhängenden Federn schmücken den Hals des Emus. Jede Feder ist zweigeteilt.

Schwanzfedern

Vögel setzen ihre Schwanzfedern für drei Aufgaben ein: zum Steuern im Flug, um auf einem Sitzplatz oder am Boden das Gleichgewicht zu halten und um einen Partner oder einen Rivalen bei der Balz zu beeindrucken. Deshalb gibt es Schwanzfedern in unendlich vielen Formen, Größen und Farben. Das gilt besonders für männliche Vögel im Brutkleid.

EINE LOCKE IM SCHWANZ
Der Erpel der Stockente trägt zwei charakteristische eingerollte Federn am Schwanzansatz. Während der Balz wirft er den Kopf auf und stellt sein Gefieder zur Schau. Die Schwanzfedern des Weibchens sind gerade.

FEDERN MIT AUGEN
Die „Augen" im Schwanz des Pfaus erstrecken sich bis zu den kurzen Federn am Schwanzansatz und ermöglichen ihm eine besonders eindrucksvolle Vorführung.

Wachsende Feder

Voll entwickelte Feder

Federscheide

Federkiel

JUNG UND ALT
Eine aus der Federscheide hervorbrechende Steuerfeder eines Turmfalken im Vergleich mit einer voll entwickelten Feder. Beide stammen von einem Vogel, der gerade in das Alterskleid mausert.

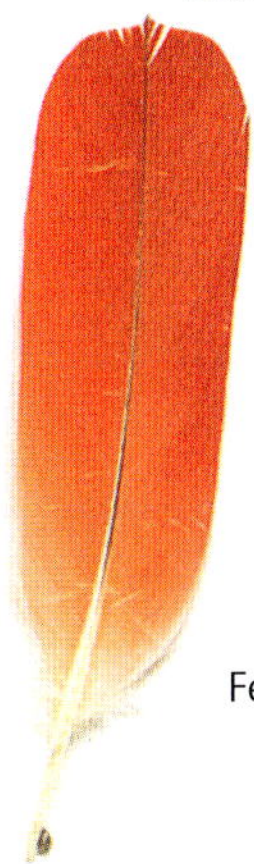

„SORGENFALTEN"
Die hellen Streifen in der Steuerfeder dieses Papageis rühren von Veränderungen in der Nahrung her, die während des Wachstums der Feder eingetreten sind.

EXTRA BUNT
Verschiedene Farbschläge bei Wellensittichen sind das Ergebnis kontrollierter Zucht. Frei lebende Wellensittiche sind blau und grün. Andere Farben findet man nur bei Käfigvögeln.

AUSSEN ASYMMETRISCH
Die äußersten Steuerfedern sind am wenigsten symmetrisch, weil die Außenfedern bei dem in der Luft aufgefächerten Schwanz Auftrieb liefern müssen, wenn die Luft sie anströmt.

INNEN SYMMETRISCH
Diese symmetrische Eulenfeder stammt aus der Schwanzmitte.

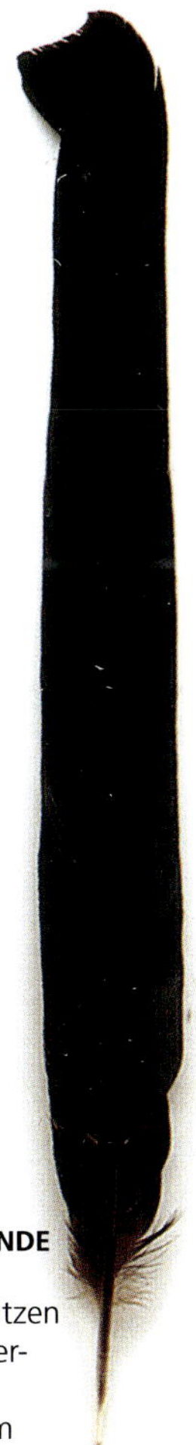

SCHIMMERNDE SCHWÄNZE
Elstern besitzen lange Steuerfedern, die von Weitem schwarz, aus der Nähe betrachtet jedoch bunt aussehen. Dieser Effekt wird durch Lichtbrechung hervorgerufen.

STOLZE HÄHNE
Die Schwänze von männlichen Fasanen, Haushähnen und anderen Hühnervögeln können außergewöhnlich lang sein. Selbst diese lange Schwanzfeder eines Fasans wirkt im Vergleich mit der eines japanischen Bankivahuhns absolut unauffällig. Dessen Schwanzfedern sind durch gezielte Zucht bis auf 10,5 m verlängert worden.

Fasan

Die Balz

Raggis Großer Paradiesvogel

Die Art und Weise, wie Vögel ihre Partner finden, ist einer der faszinierendsten und interessantesten Aspekte des Tierlebens schlechthin. Obwohl Scheidungen bei Vögeln ausgesprochen selten vorkommen, gibt es in der Vogelwelt so gut wie jede denkbare Form des Zusammenlebens. Nachdem sie ihre Rivalen, oft durch Eroberung eines Reviers, vertrieben haben, tun sich manche Männchen mit einer einzigen Partnerin zusammen und bleiben ihr ein Leben lang treu. Das andere Extrem bilden männliche Tiere, die ihr farbenfrohes Prachtkleid dazu benutzen, eine ganze Reihe von Partnerinnen anzulocken und jede zugunsten der nächsten zu verlassen, sobald die Paarung stattgefunden hat. Viele Vögel lenken die Aufmerksamkeit des Partners mit einer Kombination optischer Signale auf sich – das kann das prächtige Brutkleid sein, leuchtend bunte Beine oder aufblasbare Hautsäcke. Andere setzen rituelle Bewegungen ein: das Kopfnicken einer Möwe oder bizarre Vorführungen wie der Großtrappenhahn, der Flügel und Kopf zurückwirft, bis der Kopf scheinbar ganz nach hinten gedreht ist.

ROLLENTAUSCH
Anders als es bei Vögeln sonst üblich ist, umwirbt das weibliche Odinshühnchen sein Männchen. Es trägt das sonst bei Männchen übliche Prachtkleid.

DAS RAD DES PFAUS
Pfaue gehören zur Familie der Fasane, einer Vogelgruppe, die für ihr besonders aufsehenerregendes Prachtkleid bekannt ist.

WAS DAHINTER STECKT
Von hinten kann man die aufgerichteten Federn des „echten" Pfauenschwanzes sehen. Sie stützen die viel längeren Oberschwanzdecken.

GALAVORSTELLUNG
Männliche Leierschwänze legen eine Arena an, in der sie herumstolzieren und sich zur Schau stellen. Ihr auffälliges Gehabe zieht mehrere Partnerinnen an.

GELÜFTETES GEHEIMNIS
Erst im letzten Jahrhundert drangen Naturforscher in die Wälder Neuguineas vor und fanden heraus, wie Paradiesvogelmännchen ihre langen Schmuckfedern einsetzen. Bei der Balz hängen die Vögel kopfunter und lassen sie aufgefächert herabhängen.

AUFBLASBARE ATTRAKTIONEN
Das Männchen des Fregattvogels hat einen leuchtend roten Kehlsack, den es dazu benutzt, eine Partnerin anzulocken. Es lässt seinen Hautsack viele Stunden lang aufgeblasen, bis sich ein Weibchen zu ihm gesellt.

SPANNUNGSABBAU
Obwohl tropische und andere Tölpel in dichten Kolonien nisten, wird jeder Vogel auf jeden Nachbarn einhacken, der es wagt, in sein kleines, aber nur ihm gehörendes „Fleckchen" einzudringen. Bei der Paarbildung sind zeitraubende Balzrituale nötig, um den Aggressionstrieb zu besänftigen. Hier zeigen zwei Blaufußtölpel die „Pelikanpose", wobei sie ihre Schnäbel jeweils vom Partner wegdrehen.

FARBEN JE NACH JAHRESZEIT
Am stärksten leuchten die bunten Schnäbel der Papageitaucher während der Brutzeit im Frühsommer. Was hier so prächtig aussieht, ist die Hornscheide, die den Schnabel außen umgibt. Wenn die Papageitaucher ihre Erdhöhlen in den Klippen verlassen, um den Winter auf offener See zu verbringen, fällt diese Scheide ab. Der Schnabel hat dann bis zum nächsten Frühling eine viel mattere Farbe.

TANZ AUF DEM WASSER
Haubentaucher führen während der Balz eine ganze Reihe merkwürdiger Tänze auf. Die Balz beginnt oft mit einer Kopfschüttelbewegung, bei der die Vögel einander gegenüberstehen und ihre Köpfe von einer Seite zur anderen bewegen, als versuchten sie, dem Blick des anderen auszuweichen. Dann tauchen sie und erscheinen mit Schnäbeln voller Wasserpflanzen wieder an der Oberfläche. Beim „Pinguintanz" richten sich beide Tiere auf und treten Wasser, während sie einander die Pflanzen darbieten.

KLEIN, ABER OHO
Obwohl sie so winzig sind, verteidigen Kolibrimännchen kampflustig ihre Reviere.

Tarnung

In der Natur sind wogende Schilfhalme, Strandkiesel, abgestorbene Zweige und Schneeflecken nicht immer das, was sie zu sein scheinen. Sie alle können plötzlich lebendig werden und ihre wirkliche Identität enthüllen: Es war ein Vogel, der noch vor einem Augenblick perfekt getarnt war. Wenn ihnen Gefahr droht, fliegen die meisten Vögel sofort davon. Manche jedoch, vor allem diejenigen, die am Boden Nahrung suchen oder sich dort zum Schlafen niederlassen, setzen lieber auf die Chance, dass sie übersehen werden. Die Vögel, die am längsten flach am Boden liegen bleiben, sind solche mit einem Tarngefieder. Bei diesem entsprechen Farbe und Zeichnung der Federn einem bestimmten Hintergrund, wie dem Waldboden.

Waldschnepfe

ZWISCHEN KIESELN VERSTECKT
Es mag uns so vorkommen, als müsse es einem Vogel schwerfallen, sich an einem offenen Strand zu verstecken. Aber wenn ein Sandregenpfeifer aufhört sich zu bewegen, scheint er im gleichen Moment mit den Strandkieseln zu verschmelzen.

Sandregenpfeifer

DIE BESTE TAKTIK: VERSTECKEN
Die Waldschnepfe lebt in feuchten Wäldern und ist vorwiegend nachtaktiv. Zwischen Sonnenuntergang und Sonnenaufgang sucht sie den Waldboden nach Würmern und anderen kleinen Tieren ab, den Tag verbringt sie schlafend am Boden. Wenn die Tarnung der Waldschnepfe versagt, fliegt sie auf und flieht im Zickzack zwischen den Baumstämmen hindurch.

Schnabel zum Stochern

Weiß im Winter, braun im Sommer

Im höheren Bergland und in den Moorgebieten des Nordens verändert der Winterschnee die Landschaft völlig. Vögel, die im Winter nicht wegziehen, müssen sich irgendwie vor ihren Feinden verstecken. Einige tun das, indem sie ihre Farbe in der Mauser wechseln, z. B. das Alpenschneehuhn. In Gegenden, wo der Schnee nie schmilzt, tragen Vögel wie die Schnee-Eule das ganze Jahr über ein weißes Gefieder.

Alpenschneehuhn im Winterkleid

Alpenschneehuhn im Sommerkleid

FEDERKLEID NACH JAHRESZEIT
Im Sommer sind die Federn des Alpenschneehuhns braun, sodass es sich zwischen Felsblöcken gut tarnen kann. Im Winter wird sein Gefieder weiß, sodass es im Schnee kaum auffällt.

Ziegenmelker

EIN TAGESVERSTECK
Der Ziegenmelker ist ein Insektenfresser, der nur in der Abenddämmerung Nahrung sucht. Tagsüber bleibt er völlig regungslos und sieht aus wie ein abgebrochener Zweig.

Füße und Spuren

Vogelfüße sind in Größe und Form ungeheuer mannigfaltig. Darin spiegeln sich die vielen verschiedenen Lebens- und Ernährungsweisen der Vögel wider. Obwohl ihre Vorfahren, die Reptilien, fünf Zehen hatten, besitzen die meisten Vögel nur vier oder drei, der Strauß hat sogar nur zwei. Vögel wie die Sturmtaucher und die Mauersegler, die selten landen, haben so schwache Beine, dass sie nur schlecht oder gar nicht laufen können.

Fuß der Bachstelze

Fuß einer Drossel

Hinterzehe zum Umgreifen

FÜSSE ZUM SITZEN
Viele Singvögel, das sind mehr als die Hälfte aller Arten auf der Welt, haben eine einzelne hintere Zehe. Diese Zehe ermöglicht es ihnen, die Äste, auf denen sie sitzen, fest zu umgreifen.

Fuß des Grünspechts

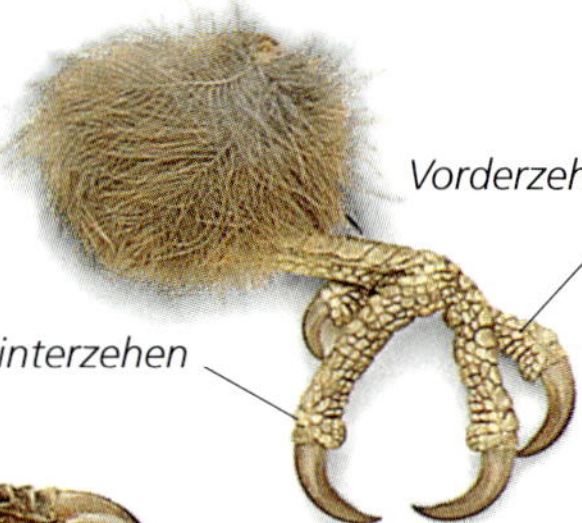

Vorderzehen

Hinterzehen

Fuß des Buntspechts

KRALLEN ZUM KLETTERN
Die Füße der Spechte haben zwei Zehen, die nach vorn, und zwei, die nach hinten weisen. Diese Anordnung, die in der Vogelwelt ungewöhnlich, aber nicht einmalig ist, hilft ihnen sich festzuhalten, während sie einen Stamm oder Ast bearbeiten.

Fuß einer Krähe

Gebogene Krallen

ALLZWECKFÜSSE
Wie Bachstelzen und Drosseln sind auch die Krähen Singvögel, und zwar die größten innerhalb der Gruppe. Krähenfüße sind wie maßstabsgetreu vergrößerte Versionen der Füße kleinerer Singvögel und haben eine große Hinterzehe.

VERSCHIEDENE AUFGABEN
Greifvögel spreizen die Zehen weit auseinander, um ihre Beute zu schlagen, während Vögel wie die Krähe ihre Zehen dichter beisammen halten.

Fuß einer Eule

Schmaler Krähenfuß

AUF UND DAVON
Der Adler kann schwere Lasten unter seinem Körper tragen. Kinder „raubt" er aber nicht.

„Hosen"

Nicht sichtbares Fußwurzelgelenk

Sperberfuß

Krallen

GREIFVÖGEL
Die Füße der Greifvögel sind mit langen Krallen ausgestattet und so weitgehend an das Ergreifen der Beute angepasst, dass die Vögel nur schwer laufen können. Die meisten Greifvögel haben gefiederte „Hosen", die sich bis dicht unter das Fersengelenk herabziehen.

Sperber

Fuß eines Sägekauzes

„Winterschuhe" aus warmen Federn

Krallen

Sägekauz

WARME FÜSSE
Die Federn, die die Läufe und Füße der meisten Eulen bedecken, tragen dazu bei, das Fluggeräusch beim Anflug auf ein Beutetier zu dämpfen.

WATVÖGEL
Das Körpergewicht der Watvögel, z. B. der Regenpfeifer und Brachvögel, ruht auf verlängerten Zehen, die verhindern, dass sie im weichen Schlamm einsinken.

DAS AFRIKANISCHE BLATTHÜHNCHEN
Blatthühnchen können auf ihren überlangen, dünnen Zehen über Schwimmblattpflanzen laufen.

SCHWIMMLAPPEN
Das Blässhuhn besitzt keine Schwimmhäute, sondern etwas ganz Besonderes: doppelte, mehrfach eingeschnürte Hautlappen an jedem Zeh. Beim Schwimmen öffnen sich die Lappen und gehen Vortrieb, wenn sich der Fuß nach hinten bewegt, und sie schließen sich, wenn er nach vorn gezogen wird. An Land verhindern die Lappen, dass das Blässhuhn in sumpfigem Gelände einsinkt. Die Fußabdrücke des Blässhuhns sind leicht von denen anderer Wasservögel zu unterscheiden.

Blässhuhn

SCHWIMMHÄUTE
Enten, Gänse, Schwäne, Möwen und viele Seevögel haben Schwimmhäute. Sturmschwalben können auf dem Wasser „laufen", indem sie mit ihren Schwimmfüßen über die Oberfläche platschen und dabei mit den Flügeln schlagen. Enten, Gänse und Schwäne „bremsen" mit den Füßen, wenn sie auf dem Wasser niedergehen.

DER LAUF
Beim Menschen erstrecken sich die Beinmuskeln über die ganze Länge des Beins. Bei Vögeln setzen fast alle Muskeln am oberen Teil des Beins an. Das Bein selbst ist wenig mehr als ein Knochen, der von einem flaschenzugähnlichen System von Sehnen umgeben und mit schuppiger Haut umkleidet ist. Das erklärt, warum manche Vögel so unglaublich dünne Beine haben. Die Singvögel, die oft auf Ästen sitzen, haben einen Spezialmechanismus entwickelt, der verhindert, dass sie herunterfallen. Wenn ein Kleiber auf einem Zweig landet, spannt sein Gewicht die Beinsehnen, wodurch sich die Zehen fest schließen. Der Vogel muss sich nicht anstrengen, um auf seinem Sitz zu bleiben, sondern um von dort wegzukommen. Viele Vögel in kalten Klimazonen können ihre Körpertemperatur aufrechterhalten, weil sie die Wärme nicht auf ihre Beine verschwenden. Ein Netz von Blutgefäßen wirkt als Wärmetauscher. Es entnimmt Wärme aus dem Blut, das die Beine durchströmt. Deshalb sind die Beine mancher Enten oder Möwen wahrscheinlich nur wenig wärmer als ihre eiskalte Umgebung.

Ein Kleiber landet.

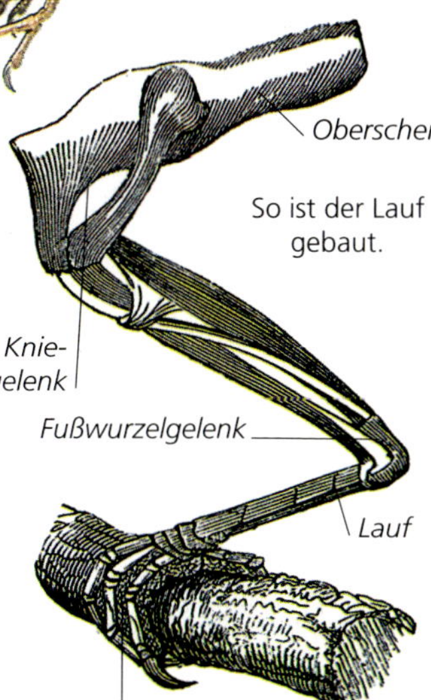

So ist der Lauf gebaut.

Die Zehen schließen sich fest um den Ast, wenn der Vogel den Fuß belastet.

Vogelspuren

Kleinere Vögel hüpfen meist. Sie sind mühelos imstande, ihr Körpergewicht in die Luft zu heben, indem sie die Beine strecken. Größere Vögel können nicht hüpfen, sie laufen.

SPUREN IM SCHLAMM
Auf feuchtem Schlamm und Neuschnee kann man Vogelspuren am besten erkennen.

LAUFSPUREN
Große Vögel können nicht hüpfen. Sie verlagern stattdessen ihr Gewicht beim Laufen von einem Fuß auf den anderen.

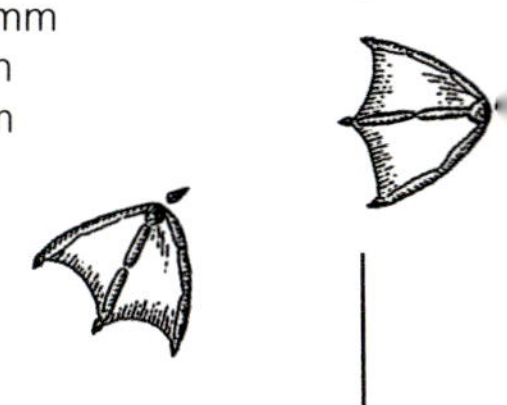
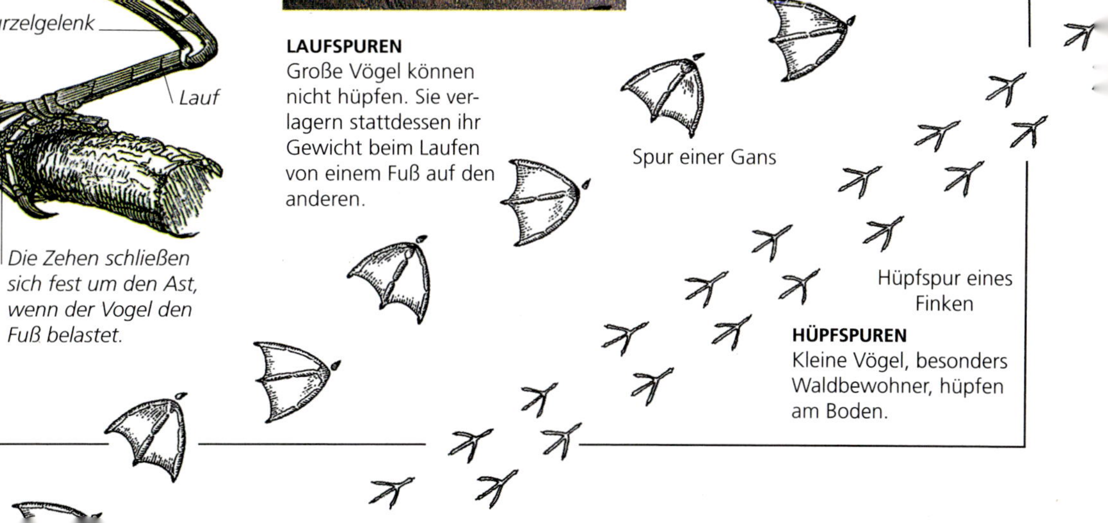

HÜPFSPUREN
Kleine Vögel, besonders Waldbewohner, hüpfen am Boden.

Die Sinnesorgane

Vögel leben in einer Welt, die von Bildern und Geräuschen beherrscht wird. Ihr Gesichtssinn ist so wichtig, dass drei der anderen vier Sinne – der Geruchs-, der Geschmacks- und der Tastsinn – bei den meisten Vögeln weitgehend bedeutungslos sind. Ein rüttelnder Turmfalke sieht unter sich am Boden viel mehr Einzelheiten, als ein Mensch aus gleicher Höhe sehen würde, aber ob er seine Beute auch schmecken kann, ist zweifelhaft. Während Menschen Tausende von Geschmacksknospen auf ihrer Zunge haben, besitzen die meisten Vögel nicht einmal hundert. Vögel haben jedoch ein gutes Gehör. Sie können Töne einzeln wahrnehmen, die in so schneller Folge erklingen, dass Menschen sie nicht mehr auseinander halten können, und eine Art – der südamerikanische Fettschwalm – kann sich wie eine Fledermaus nach Geräuschen orientieren. Da die scharfen Augen und feinen Ohren aber viel Platz im Schädel einnehmen, ist das Gehirn beim Vogel recht klein.

Der Kolkrabe und andere Angehörige der Rabenfamilie sind, wie wir wissen, die klügsten unter den Vögeln.

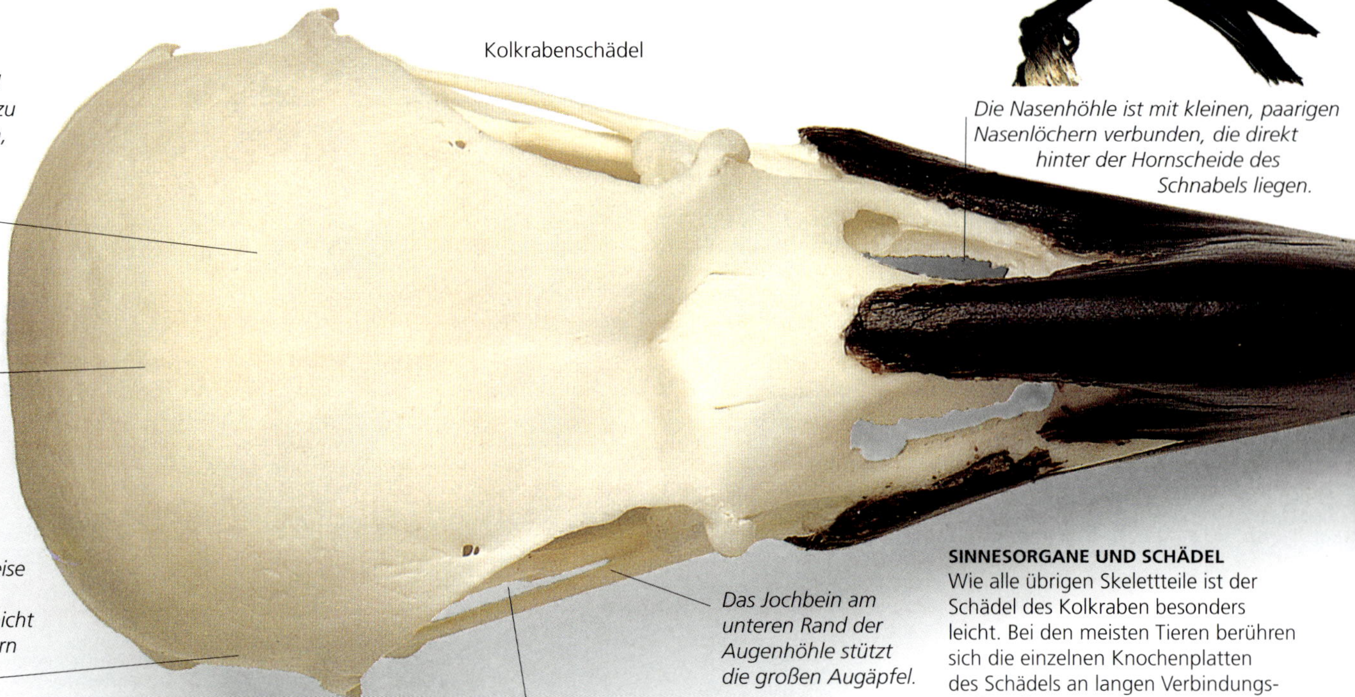

SINNESORGANE UND SCHÄDEL
Wie alle übrigen Skeletteile ist der Schädel des Kolkraben besonders leicht. Bei den meisten Tieren berühren sich die einzelnen Knochenplatten des Schädels an langen Verbindungsstellen, die man Nähte nennt. Beim Vogel sind die einzelnen Schädelknochen wegen der größeren Festigkeit miteinander verwachsen. Die Knochen selbst können daher dünner sein. Die Augen sind oft größer als das Gehirn und werden von einem Ring winziger Knochen, dem Skleralring, gestützt und gehalten.

INTELLIGENZ UND INSTINKT
Das Gehirn eines Vogels ist im Vergleich zu dem eines Säugetiers klein. Den meisten Vögeln fällt es deswegen schwer, neue Fähigkeiten zu erlernen. Ein Vogel wird jedoch mit einer gewaltigen Menge von „Programmen" geboren, die in seinem Gehirn gespeichert sind. Diese Programme kontrollieren nicht nur einfache Tätigkeiten wie das Putzen und das Fressen, sondern auch Meisterleistungen des Instinkts wie beispielsweise den Zug ins Winterquartier.

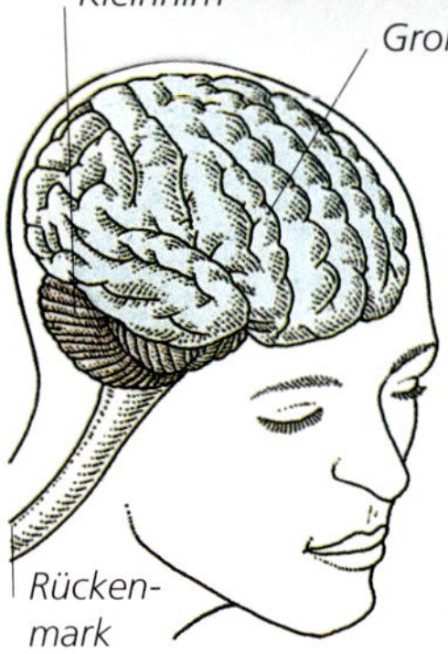

Das umfangreiche Großhirn erlaubt dem Menschen rasches Lernen.

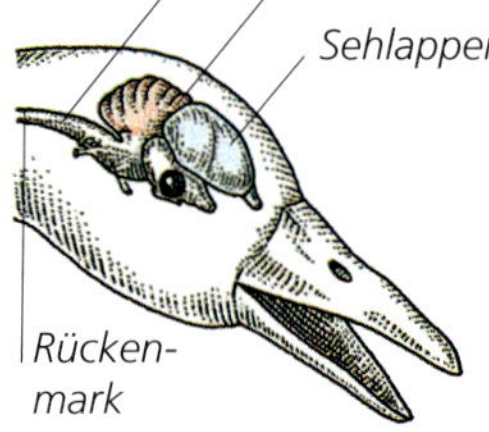

Ein großer Teil des Vogelhirns verarbeitet visuelle Informationen.

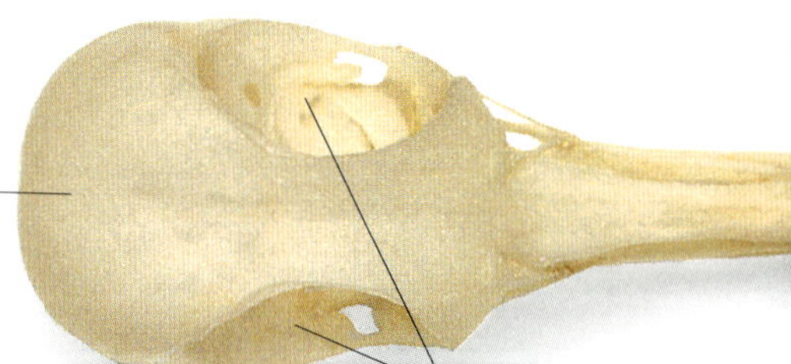

Schädel der Bekassine

So sehen Vögel

Die Augen der Eulen sind fast genau nach vorn gerichtet, sodass sie in einem weiten Winkel binokular, d. h. mit beiden Augen sehen können. Diese Anordnung, die sie mit fast allen jagenden Vögeln gemein haben, ermöglicht es ihnen, Entfernungen sehr genau abzuschätzen. Bei Vögeln, die selbst gejagt werden, weisen die Augen meist in entgegengesetzte Richtungen. Die Waldschnepfe z. B. kann alles um sich herum und über sich sehen, ohne den Kopf bewegen zu müssen.

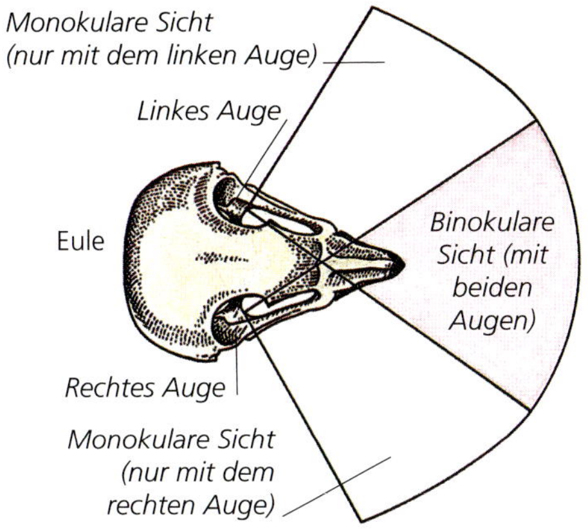

RÜCK-SICHT
Vögel können die Augäpfel nicht annähernd so weit bewegen wie die meisten anderen Tiere. Das Auge einer Eule lässt sich nicht einmal um 2° bewegen. Im Vergleich dazu sind es beim Menschen 100°. Die Vögel gleichen diesen Nachteil durch einen sehr biegsamen Hals aus.

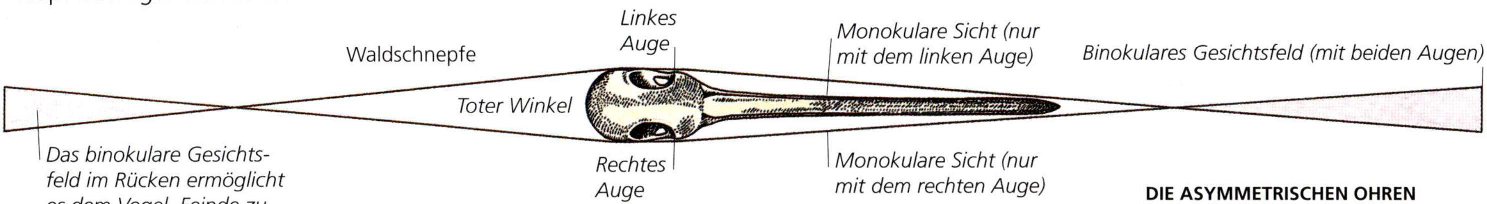

Das binokulare Gesichtsfeld im Rücken ermöglicht es dem Vogel, Feinde zu sehen, die von hinten kommen.

JAGD IM DUNKELN
Manche Eulen können in völliger Dunkelheit jagen, indem sie mit ihren Ohren die Geräusche orten, die ein Tier mit seinen raschen Bewegungen erzeugt.

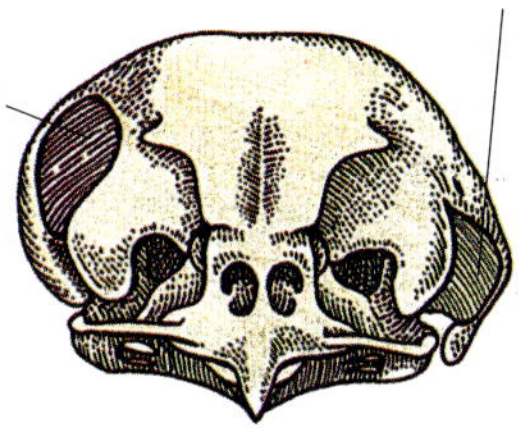

Die ungewöhnliche Anordnung der Eulenohren ist von außen wegen der Federn nicht zu sehen.

DIE ASYMMETRISCHEN OHREN DER EULEN
Eulen jagen bei Nacht, wenn es dunkel und still ist. Aus diesem Grund braucht eine Eule nicht nur sehr scharfe Augen, sondern auch ein außerordentlich gutes Gehör. Eulen haben kein äußeres Ohr (obgleich manche Arten ohrähnliche Federbüschel besitzen), aber ihre breiten Gesichter nehmen Schallwellen ähnlich wie eine Ohrmuschel auf und leiten sie zum Trommelfell im Schädel. Die Ohren einer Eule sind etwas versetzt im Schädel angebracht. Sie empfängt ein Geräusch mit einem Ohr etwas früher als mit dem anderen, sodass sie aufgrund des winzigen Zeitunterschieds ihre Beute haargenau ausmachen kann.

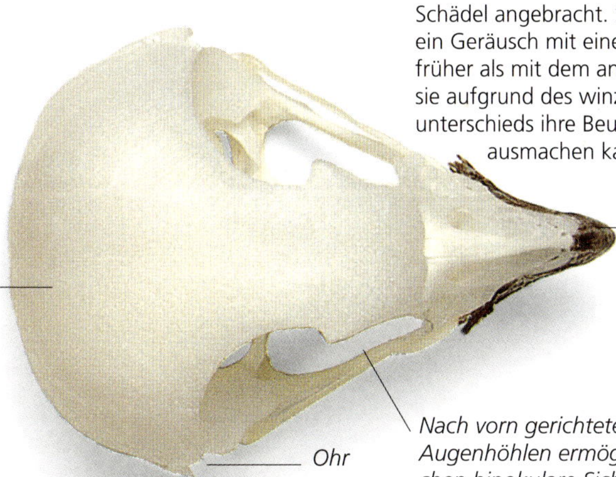

Eulenschädel

EMPFINDLICHE SCHNÄBEL
Wie andere Tiere fühlen auch Vögel mit empfindlichen Tastorganen, die mit Nerven verbunden sind. Diese Rezeptoren sind über den ganzen Körper verteilt, aber bei langschnäbeligen Vögeln sitzen sie auch an der Schnabelspitze. Wenn ein Watvogel mit seinem Schnabel im tiefen Schlamm stochert, kann er tatsächlich fühlen, was sich dort verbirgt.

Bekassine

Mit dem langen Schnabel kann die Bekassine im Schlamm verborgene Nahrung erreichen.

Die empfindliche Schnabelspitze ortet Tiere im Boden.

FUTTER ERFÜHLEN
Ziegenmelker haben Borsten, die an beiden Seiten des Schnabels nach vorn ragen. Es sind extrem feine Federn ohne Äste, deren Zweck wahrscheinlich darin besteht, fliegende Insekten in den Mund des Vogels zu schleusen. Obwohl Vögel keine Tasthärchen wie etwa Katzen haben, kann es sein, dass der Ziegenmelker mit seinen Borsten Nahrung erfühlen kann.

Der Schnabel

Da ihre Vordergliedmaßen nur zum Fliegen bestimmt sind, benutzen die meisten Vögel – mit Ausnahme der Greifvögel und Papageien – einzig und allein ihre Schnäbel, um Nahrung zu ergreifen und festzuhalten. Viele Vögel besitzen hoch spezialisierte Schnäbel, mit denen sie verschiedene Arten von Nahrung nutzen können. Diese Spezialisierung konnte man bis vor Kurzem beim neuseeländischen Huia sehr gut sehen. Bei dieser bemerkenswerten Art, die heute leider ausgerottet ist, war der Schnabel des Männchens kurz und gerade, sodass es damit herumstochern konnte. Das Weibchen hatte einen langen, gebogenen Schnabel, mit dem es Insekten aufpicken konnte.

DER SAMENKNACKER
Der Schnabel eines Vogels erzeugt die meiste Kraft am Schnabelansatz. Buchfinken, die von harten Samenkörnern leben, haben kurze, kegelförmige Schnäbel, sodass sie ihr Futter mit so viel Kraft wie möglich aufknacken können. Die Finken entfernen mit ihren Schnäbeln geschickt die Hülsen von den Körnern, ehe sie sie verschlucken.

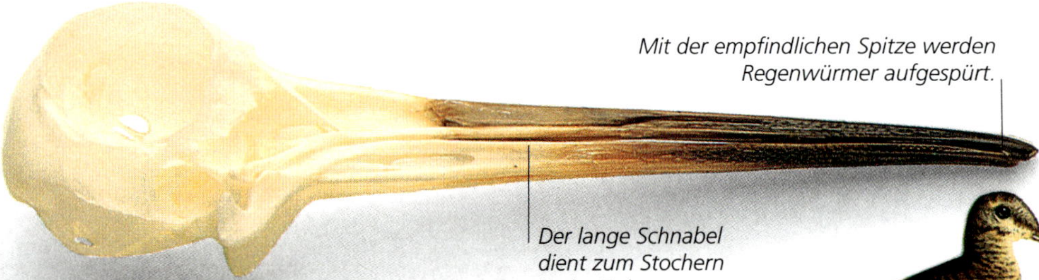

WATVOGEL AUF DEM TROCKENEN
Der außerordentlich lange Schnabel der Waldschnepfe ist typisch für Watvögel, eine Vogelgruppe, zu der auch die Regenpfeifer und Strandläufer gehören. Doch die Waldschnepfe ernährt sich nicht wie die meisten Watvögel von Kleintieren im Schlick, sondern sie setzt ihren Schnabel genauso wirkungsvoll auf „trockenem" Land ein. Ihre Hauptnahrung sind Regenwürmer und Insektenlarven. Der lange, spitze Schnabel ermöglicht es ihr, diese Nahrung aus der feuchten Erde herauszuholen.

DIE PINZETTE DES BRACHVOGELS
Der Große Brachvogel stößt seinen langen Schnabel in weichen Schlamm, um Würmer und Weichtiere herauszuziehen, die andere Vögel nicht erreichen können.

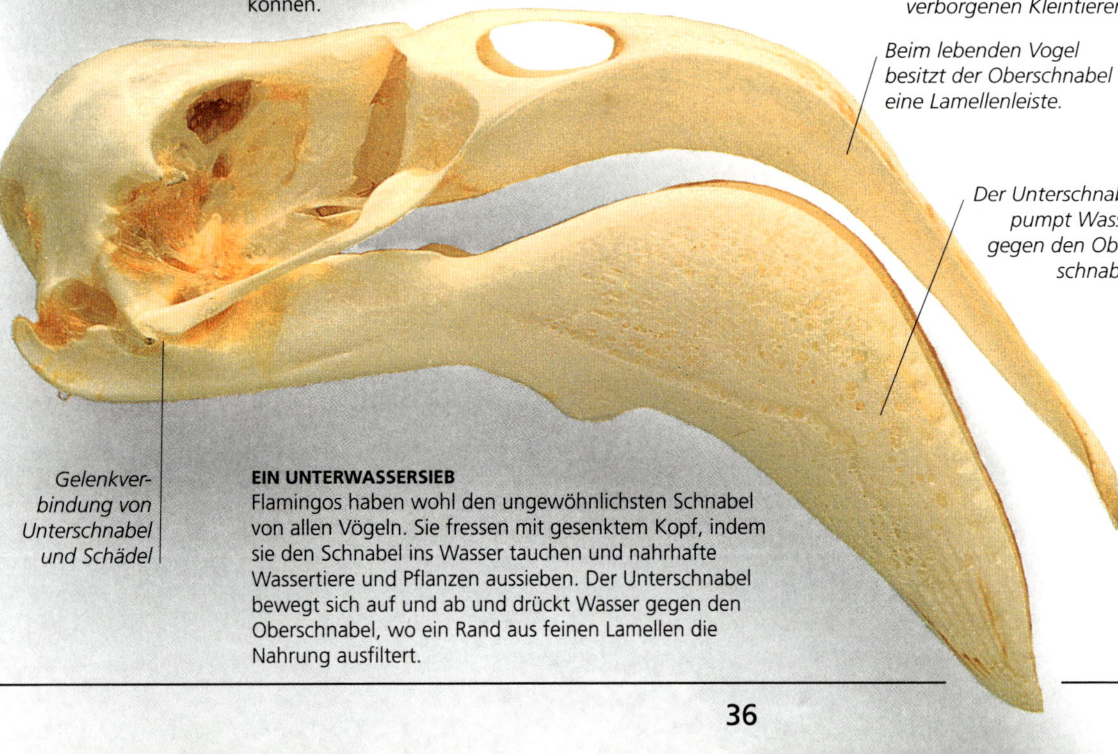

EIN UNTERWASSERSIEB
Flamingos haben wohl den ungewöhnlichsten Schnabel von allen Vögeln. Sie fressen mit gesenktem Kopf, indem sie den Schnabel ins Wasser tauchen und nahrhafte Wassertiere und Pflanzen aussieben. Der Unterschnabel bewegt sich auf und ab und drückt Wasser gegen den Oberschnabel, wo ein Rand aus feinen Lamellen die Nahrung ausfiltert.

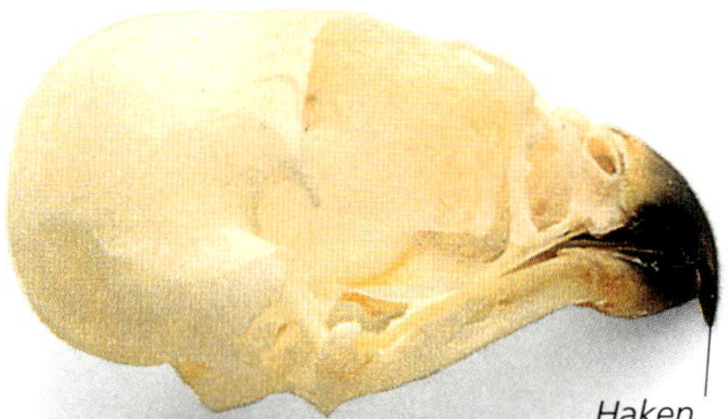

EIN FLEISCHFRESSERSCHNABEL
Der Turmfalke hat einen Hakenschnabel, wie er für Falken und andere Greifvögel typisch ist. Mit dem Haken können die Vögel Beutetiere zerteilen, die zu groß sind, um ganz verschluckt zu werden.

Turmfalke

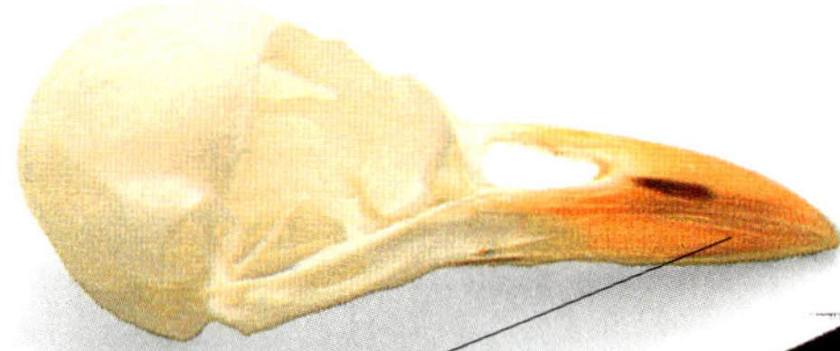

Amsel

EIN PINZETTENSCHNABEL
Die Schnabelform der Amsel findet man ganz ähnlich bei Tausenden von mittelgroßen Vogelarten. Ihr Schnabel ist stark zugespitzt, damit der Vogel kleine Gegenstände wie Samenkörner aufpicken kann, aber seine Länge gestattet es ihm, auch größere Nahrung wie z. B. Regenwürmer zu ergreifen. Der orangegelbe Schnabel des Amselmännchens dient zudem als optisches Signal.

Papagei

DER SCHNABEL EINES FRUCHTFRESSERS
Papageien leben von Früchten und Samen. Sie haben einen „Kombinations"-Schnabel, der es ihnen gestattet, ihr Futter so gut wie irgend möglich zu nutzen. Mit dem Haken an der Schnabelspitze reißt der Papagei Fruchtfleisch heraus, während er mit Querleisten im Oberschnabel die Samenschalen aufknackt, um an das Innere heranzukommen.

Säger

EINE ENTE MIT „ZÄHNEN"
Anders als Säugetiere und Reptilien haben Vögel keine richtigen, aus Knochen bestehenden Zähne. Bei manchen Vögeln haben sich jedoch Gebilde entwickelt, die Zähnen sehr ähnlich sehen. Die Säger z. B. haben Hornzahnleisten an den Schnabelrändern, mit denen sie Fische fangen und festhalten können.

Möwe

EIN ALLZWECKSCHNABEL
Möwenschnäbel sind lang und enden in einem Haken, der in vieler Hinsicht dem der fleischfressenden Vögel ähnelt, wenn er auch kleiner ist. Möwen können selbst Beutetiere, wie z. B. Fische, fangen und längs im Schnabel festhalten und sie können ihre Nahrung auch zerreißen.

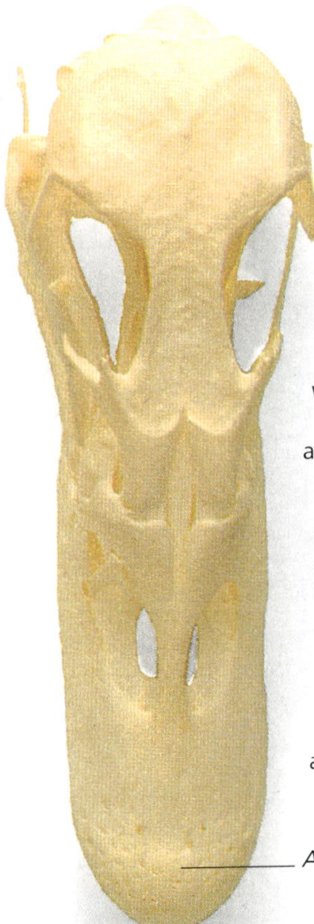

EIN SEIHSCHNABEL
Viele Enten ernähren sich durch „Schnattern". Sie öffnen und schließen den Schnabel an der Wasseroberfläche. Das Wasser dringt in die abgeflachten Schnabelhälften ein, und dann wird alles, was darin schwimmt, ausgeseiht und verschluckt. Das „Schnattern" ähnelt dem Sieben eines Flamingos, doch der Entenschnabel ist weit weniger spezialisiert und kann auch auf andere Weise Nahrung aufnehmen.

Trauerente

Pflanzen- und Insektenfresser

Drossel

Der häufigste frei lebende Vogel der Welt, der Blutschnabelweber, ist ein Körnerfresser. Mehr als 100 Milliarden dieser Vögel durchstreifen auf Nahrungssuche die Felder und Savannen Afrikas und treten dabei in Schwärmen auf. Sie können sich das leisten, weil ihre Nahrung in Hülle und Fülle vorhanden ist. Samen, Gras, Nektar, Insekten, Würmer und viele andere Kleintiere gibt es in ungeheuren Mengen und die meisten Vogelarten nutzen genau diese ergiebigen Nahrungsquellen.

Pflanzen- und Samenkost

Vögel, die Pflanzen und Sämereien fressen, müssen ihr Futter zerkleinern, damit sie es verdauen können. Da sie keine Zähne haben, tun sie das mit kräftigen Schnäbeln oder auch mit dem Muskelmagen, der die Nahrung zermahlt (S. 8).

Finkenschädel

Samenkörner mit harten Schalen

KÖRNERFRESSENDE SPEZIALISTEN
Die Finken, von denen es weltweit mehr als 150 Arten gibt, haben kurze, scharfe Schnäbel, mit denen sie Samen oder Nüsse aufknacken. Erstaunlicherweise können die Schnäbel mancher Finken einen stärkeren Druck ausüben als die menschliche Hand.

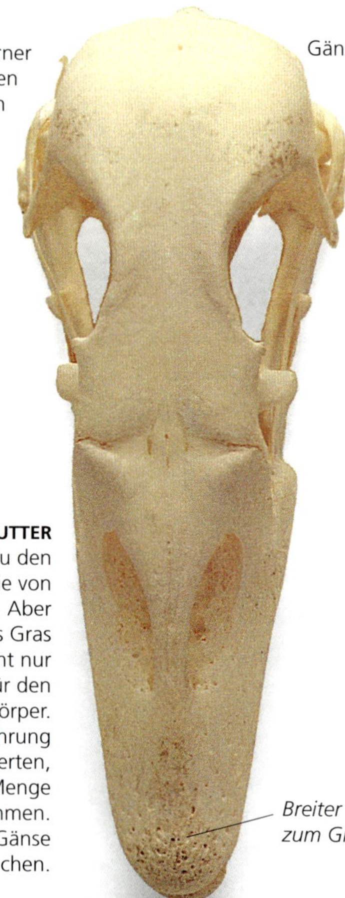

Gänseschädel

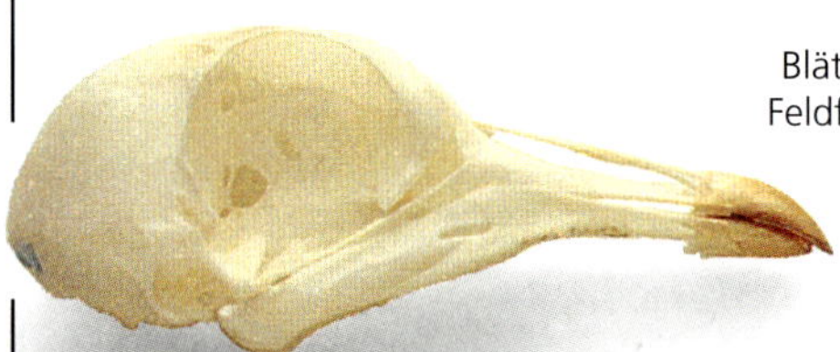

Taubenschädel

Blätter von Feldfrüchten

Getreidekörner

FELDFRÜCHTE ALS FUTTER
Tauben ernährten sich ursprünglich von Blättern und Samen wilder Pflanzen. Inzwischen wissen sie auch Kulturpflanzen zu schätzen. Beim Trinken können sie ihren spitzen Schnabel als Strohhalm benutzen. Diese Fähigkeit besitzt kein anderer Vogel.

GRAS ALS FUTTER
Gänse gehören zu den wenigen Vögeln, die von Gras leben können. Aber sie verdauen das Gras schlecht. Es braucht nur zwei Stunden für den Weg durch ihren Körper. Weil sie ihre Nahrung so schlecht verwerten, müssen sie eine Menge davon zu sich nehmen. Deshalb fressen Gänse fast ununterbrochen.

Breiter Schnabel zum Grasrupfen

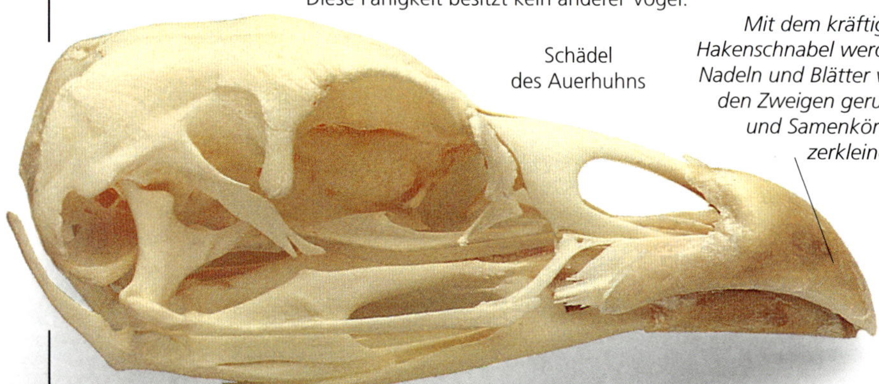

Schädel des Auerhuhns

Mit dem kräftigen Hakenschnabel werden Nadeln und Blätter von den Zweigen gerupft und Samenkörner zerkleinert.

ALLROUND-PFLANZENFRESSER
Hühnervögel wie Fasane und das hier abgebildete Auerhuhn nehmen pflanzliche Nahrung jeder Art zu sich, obwohl sie Samen bevorzugen. Im Winter lebt das Auerhuhn von den Nadeln der Nadelbäume. Von dieser Nahrungsquelle machen nur wenige andere Tiere Gebrauch. Es rupft die Nadeln und Blätter mit seinem kräftigen Hakenschnabel von den Zweigen.

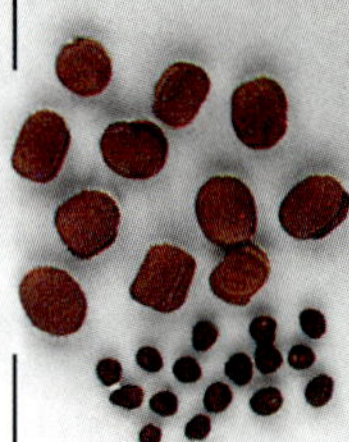

Samenkörner

Nadelbaumzweig

Gras, die Hauptnahrung der Gänse

Insektenfresser

In jedem Frühjahr steigt die Zahl der Insekten und anderer wirbelloser Tiere explosionsartig an. Diese Tiere bilden die Nahrung für Dutzende unserer Zugvogelarten. Im Winter ist das Angebot viel geringer und es ist schwerer, Nahrung zu finden. Sie besteht dann hauptsächlich aus holz- oder bodenbewohnenden Larven, die von spezialisierten Insektenfressern aufgespürt werden.

Mönchsgrasmückenschädel

Blattläuse

Raupe

SÄNGER MIT PFRIEMENSCHNABEL
Viele kleine Singvögel benutzen ihre empfindlichen Sondierschnäbel, um Insekten von Blättern und aus Ritzen in der Baumrinde zu picken. Wenn ihre Nahrung im Herbst knapp wird, ziehen sie nach Süden.

DIE SCHNECKENSCHMIEDE
Drosseln nutzen ein breites Nahrungsspektrum, und zwar sowohl Pflanzen als auch Tiere. Manche ernähren sich von Gehäuseschnecken.

Drosselschädel

Von einer Drossel aufgeschlagene Schneckenhäuser

Spechtschädel

Hundertfüßer

Käferlarven

Ausgewachsener Käfer

Regenwürmer werden nicht nur von vielen Gartenvögeln, sondern auch von einigen Eulen und sogar von Greifvögeln gefressen.

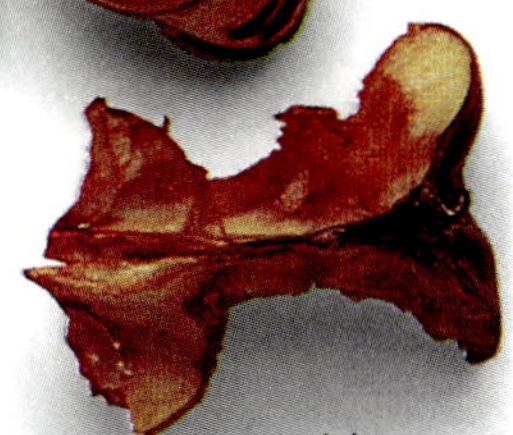
Angepickter Apfel

INSEKTEN ALS NAHRUNG
Vögel wie Spechte und der hauptsächlich am Boden Nahrung suchende Wiedehopf benutzen ihre Schnäbel, um große Insekten aus Baumspalten zu picken. Spechte meißeln auch Löcher ins Holz, um darin verborgene Larven zu finden. Ihre extrem langen Zungen sind an der Spitze mit Widerhaken versehen, mit denen sie ihre Beute festhalten können.

Wiedehopfschädel

Nahrung an der Küste

Obwohl im Salzwasser nur wenige Insekten leben, steht am Meer ein Vorrat anderer wirbelloser Tiere als Nahrung zur Verfügung: Krebse, Muscheln und Wattwürmer.

Säbelschnäbler

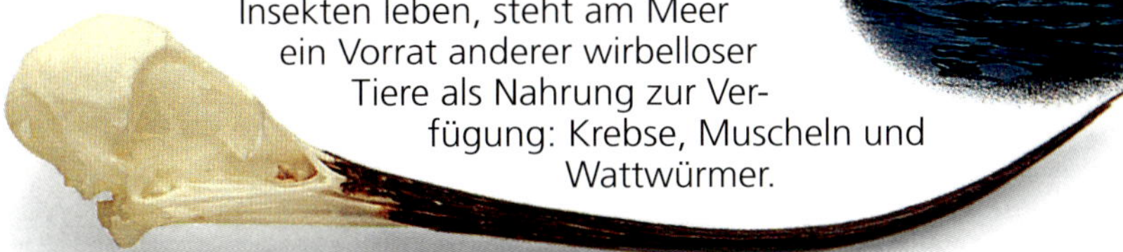
Schädel des Säbelschnäblers

Ringelwurm

Prielwurm

Würmer

DER SCHLEPPNETZ-SCHNABEL
Der Säbelschnäbler fängt Würmer und andere Kleintiere, indem er vorwärts schreitet und den Schnabel von einer Seite zur anderen durchs Wasser zieht. Er ist einer der ganz wenigen Vögel mit aufwärts gebogenem Schnabel.

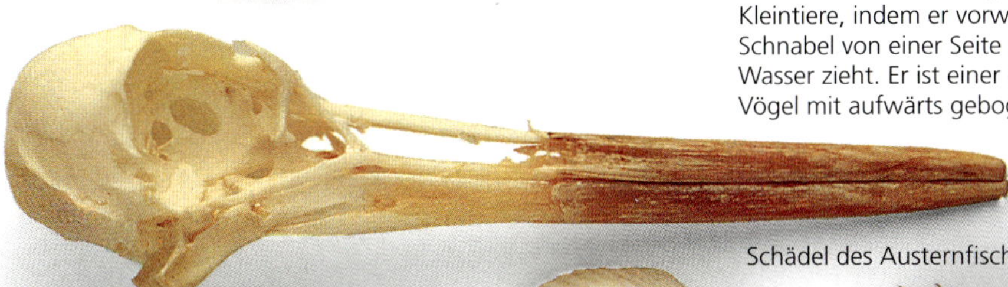
Schädel des Austernfischers

EINGEBAUTER HAMMER
Der Austernfischer ernährt sich hauptsächlich von Muscheln. Er hat einen langen Schnabel wie der Säbelschnäbler, dessen Spitze aber nicht scharf, sondern stumpf ist. Mit diesem „eingebauten Hammer" kann der Austernfischer die Schalen seiner Beutetiere aufschlagen. Manche Austernfischer haben sich darauf spezialisiert, die Schalen stattdessen aufzustemmen. Ein erfahrener Vogel weiß genau, wo die Schale einer Miesmuschel oder Herzmuschel angreifbar ist.

Verschiedene Muscheln

Aufgebrochene und verspeiste Krabbe: Der harte Panzer bleibt gewöhnlich liegen.

Jäger, Fischer, Allesfresser

Dank ihres Flugvermögens können Vögel auf der Suche nach Nahrung große Entfernungen zurücklegen. Das ist von großem Vorteil, vor allem für Jäger, denn nur wenige Tiere, ganz gleich, ob an Land oder weit draußen auf See, sind außerhalb ihrer Reichweite. Auch die Allesfresser profitieren von ihrer Beweglichkeit. Ein totes Tier, ein ungeschütztes Nest oder ein Feld mit reifenden Früchten fallen vorbeifliegenden Vögeln sofort ins Auge und werden zur sättigenden Mahlzeit.

Fleischstreifen, die mit dem kräftigen Hakenschnabel von der Beute abgerissen wurden

Waldkauzschädel

Das Fell wird verschluckt und später als Gewölle wieder ausgespien.

Eisvögel

Schädel des Mäusebussards

NACHTJÄGER UND TAGJÄGER
Eulen und Taggreifvögel kann man gut mit Schichtarbeitern vergleichen. Rund um die Uhr ist je eine Gruppe unterwegs, um Nagetiere und noch größere Säugetiere zu fangen. Manche Eulen sind tagaktiv, aber kein Greifvogel kann bei Nacht jagen.

Fleisch- und Fischfresser

Die meisten Fischfresser benutzen ihre Schnäbel zum Fischfang, während Greifvögel an Land ihre Krallen zum Schlagen und ihre Schnäbel zum Zerkleinern der Beute einsetzen.

Die großen, nach vorn gerichteten Augen ermöglichen es dem Tölpel, schwimmende Fische aus der Luft zu erkennen.

Die Schnabelhälften treffen in einer langen, geraden Linie aufeinander. Mit den Schnabelkanten werden Fische festgehalten.

Stromlinienförmige Schnabelspitze

Schädel des Basstölpels

ÜBER UND UNTER WASSER
Tölpel greifen Fischschwärme im Sturzflug an, indem sie sich mit gefalteten Flügeln aus einer Höhe von bis zu 30 m ins Wasser fallen lassen. Sie bleiben nur ein paar Sekunden unter der Wasseroberfläche. Kormorane verfolgen die Fische unter Wasser. Ihr Gefieder schließt keine Luftschicht ein wie bei anderen Wasservögeln.

LOHN DER GEDULD
Der Graureiher steht oft lange am gleichen Fleck, bis ein Beutetier in die Reichweite seines langen Dolchschnabels kommt.

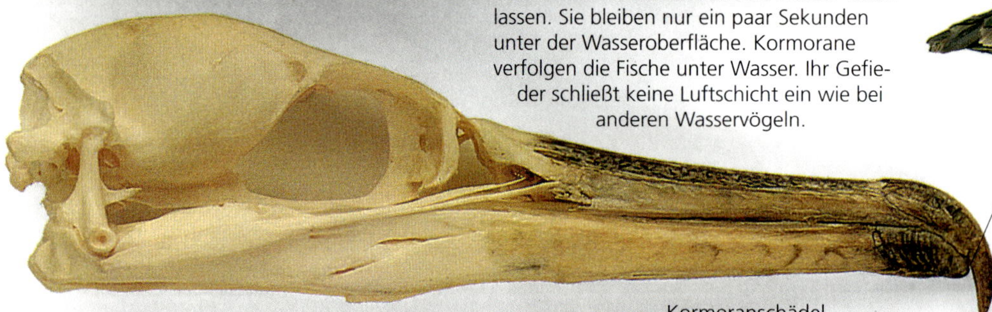

Der Hakenschnabel dient zum Fischfang.

Kormoranschädel

Makrele

Gemischte Kost

Körnerfresser finden verhältnismäßig leicht etwas für den Magen, andere Vögel müssen sich schon etwas einfallen lassen, um satt zu werden. Abfallverwerter und Aasfresser nutzen rasch jede Chance, die ihnen vielleicht eine Mahlzeit einbringt. Sie ernähren sich von Lebensmittelabfällen und Haushaltsmüll sowie von natürlicher Kost.

EISENFRESSER
Strauße sind wenig wählerisch. Man weiß, dass sie sogar schon Metall verschluckt haben.

Eichelhäherschädel

Samenkörner von Feldern und Bauernhöfen

Krähen fressen u. a. Aas. Sie sind besonders geschickt darin, überfahrene Tiere auf Straßen zu finden.

Krähenschädel

Laufkäfer

Hundertfüßer

Insekten und wirbellose Tiere werden ganz verschluckt. Die harten Teile werden als Gewölle wieder ausgewürgt (S. 42).

Dieses Ei wurde von einer Krähe aufgebrochen.

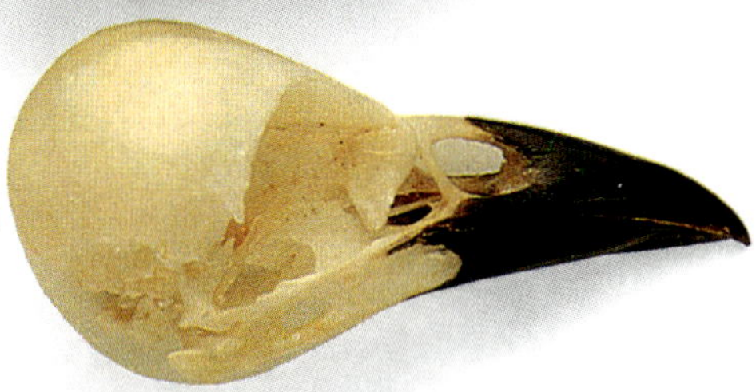

Elsternschädel

Von Vögeln bearbeitete Nüsse haben Löcher mit schartigen Rändern. Wenn sie von Nagetieren geöffnet worden sind, weisen sie feine Zahnmarken auf.

Regenwurm

KRÄHEN PASSEN SICH AN
Die Krähen und ihre Verwandten gehören zu den erfolgreichsten Allesfressern der Vogelwelt. Es gibt nur wenige Gegenden, in denen man sie nicht findet. Ein Grund für ihren Erfolg ist ihre Neugier, gepaart mit Mut. Der Schnabel ist ein vielseitig verwendbares Werkzeug. Auf ihrer Speisekarte stehen Insekten, tote Vögel, lebende Säugetiere, Würmer und Sämereien. Alles, was nicht gefressen werden kann, wird zur genaueren Untersuchung weggetragen.

Schädel des Blässhuhns

GELEGENHEIT MACHT SATT
Das Blässhuhn ist ein angriffslustiger Vogel, der auf Seen und Flüssen lebt. Es frisst alles Lebendige im Wasser, das es finden kann: Wasserpflanzen, Schnecken, Kaulquappen und Fische, aber durchaus auch junge Vögel. Besonders Entenküken sind in Gefahr, vom Blässhuhn angegriffen zu werden.

Posthornschnecke

Große Schlammschnecke

Algen

Süßwasserschnecken

Larven der Plattbauchlibelle

Kaulquappe

Wasserlinsen

Tiere und Pflanzen, die von Blässhühnern in seichten Gewässern gefressen werden.

Gewölle

Eulen und Greifvögel ernähren sich von kleinen Säugetieren und Vögeln. Da sie aber keine Zähne haben, können sie ihre Nahrung nicht zerkauen. Entweder zerreißen sie ihre Beute stattdessen mit den Krallen oder sie verschlucken sie ganz. Das bedeutet, dass sie große Mengen von Knochen, Fell und Federn im Magen haben, die sie nicht verdauen können. Also würgen sie diese Reste ein- oder zweimal am Tag fest verpackt als Gewölle aus. An der Form des Gewölles kann man die Vogelart erkennen, die es hervorgebracht hat, während der Inhalt des Gewölles zeigt, was der Vogel gefressen hat.

GEWÖLLE IN FELD UND FLUR
Die Sumpfohreule jagt bei Tageslicht über Wiesen und Mooren. Sie schlägt Wühlmäuse und manchmal junge Vögel. Ihr Gewölle ist zylindrisch mit abgerundeten Enden. Diese Eulenart lässt ihre Gewölle nicht von einer Warte aus fallen. Man findet sie verstreut rings um niedrige Grasbüsche.

GEWÖLLE UNTER EINEM SCHLAFPLATZ
Die weichen, fast schwarzen Gewölle der Schleiereule sind leicht zu erkennen. Sie sammeln sich oft in kleinen Haufen unter Schlafplätzen, in Scheunen und anderen alten Gebäuden.

GEWÖLLE IN PARKS UND GÄRTEN
Die Gewölle des Waldkauzes sind die einzigen, die man gewöhnlich in Parks, wo er oft nistet, in Vorstädten und auch in ländlichen Gegenden findet. Waldkäuze fressen Wühlmäuse, Spitzmäuse und andere Mäuse sowie Vögel, aber auch viel kleinere Tiere. Ihre Gewölle sind weich und haben manchmal zugespitzte Enden. Wenn solche Gewölle eine Weile am Boden gelegen haben, zerbröckeln sie häufig und lassen dann viele herausstehende Knochen und Fellreste erkennen.

ABWECHSLUNGSREICHE KOST
Diese Gewölle stammen vom Steinkauz. Sie zeigen, wie die Nahrung eines Vogels das Aussehen seiner Gewölle verändern kann. Die kleineren Gewölle enthalten Fell und Erde. Letztere stammt von einer Regenwurmmahlzeit. Die größeren Gewölle enthalten ebenfalls Erde und kleine Fellreste, aber auch Beine und Flügeldecken von Käfern.

WATVOGELGEWÖLLE
Der Große Brachvogel und viele andere Watvögel fressen hartschalige Tiere wie z. B. Krebse. Ihre Gewölle enthalten Bruchstücke von deren Schalen, manchmal vermischt mit Samenhülsen.

KRÄHENGEWÖLLE
Krähen sind Allesfresser. Ihre Gewölle enthalten oft Insektenreste und Pflanzenstängel.

SINGVOGELGEWÖLLE
Drosselgewölle enthalten häufig Samen. In diesem Exemplar steckt auch ein kleines Stück Metallfolie.

FALKENGEWÖLLE
Vögel wie der Turmfalke und der Wanderfalke bringen Gewölle hervor, die Vogel-, Säugetier- und Insektenreste enthalten.

Was ist drin?

Wenn man ein Eulengewölle zerzupft, kann man manches über die Nahrung des Vogels erfahren. Hier sind zwei Waldkauzgewölle vorsichtig zerlegt worden. Das erste Gewölle zeigt, dass die Eule, von der es stammt, nur Wühlmäuse verspeist hat. Drei dieser kleinen Säugetiere schlug der Kauz in einer Nacht. Das zweite Gewölle erzählt eine ganz andere und viel erstaunlichere Geschichte.

VOLLSTÄNDIGES GEWÖLLE
Wenn das Gewölle trocken ist, sind Fell und Knochen miteinander verklebt.

Mit Schleim vermengtes Fell bildet den „Kleister", der das Gewölle zusammenhält.

Nagetiere können anhand der Form ihrer Backenzähne bestimmt werden. Diese hier stammen von einer Wühlmaus.

Drei Wühlmausschädel, zwei davon unbeschädigt

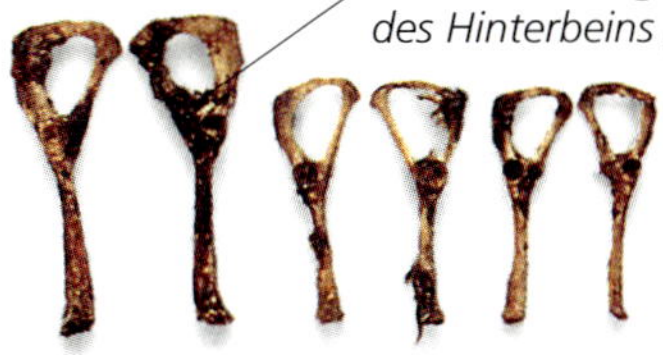

Hier ist das Kugelgelenk des Hinterbeins gelagert.

Beckenknochen

Vorderbeinknochen

Schulterblätter, die mit den Vorderbeinen verbunden sind

Backenzähne

Vollständiger Kiefer

Schneidezähne

Kieferknochen brechen im Magen der Eule oft in zwei Teile und sind meist vom Schädel getrennt.

Unterschenkelknochen, z. T. noch mit Schien- und Wadenbein

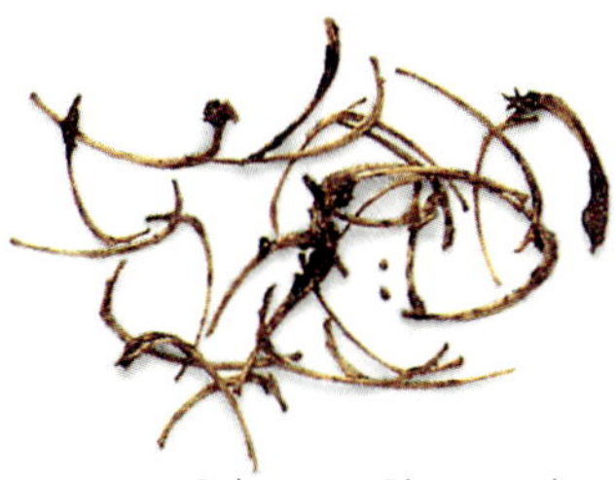

Gebogene Rippen mit abgeflachten Seiten

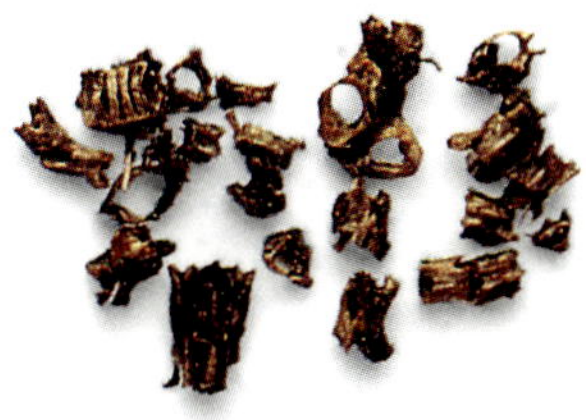

Einzelne Wirbel, aus denen die Wirbelsäule besteht

ANDERE VÖGEL AUF DEM SPEISEZETTEL
Eulen leben nicht allein von Mäusen. Das beweisen diese Überreste eines Stars aus einem Waldkauzgewölle. Erstaunlicherweise hat die Eule es geschafft, den großen Schädel des Stars fast heil zu verschlucken und wieder auszuwürgen. Federn bestehen wie Fell und Krallen aus einem unverdaulichen Protein und müssen zusammen mit den Knochen ausgespien werden.

Starenschädel

Untere Schnabelhälfte

Wirbel des Stars

Verschluckte Körperfedern

Schwungfeder; bei manchen sind die Kiele abgebrochen

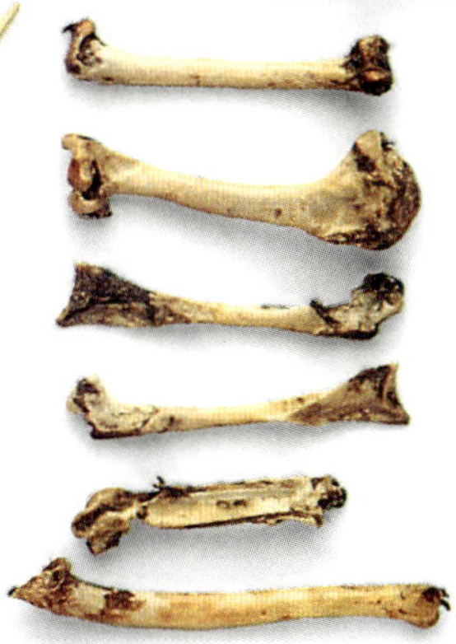

Bein- und Flügelknochen

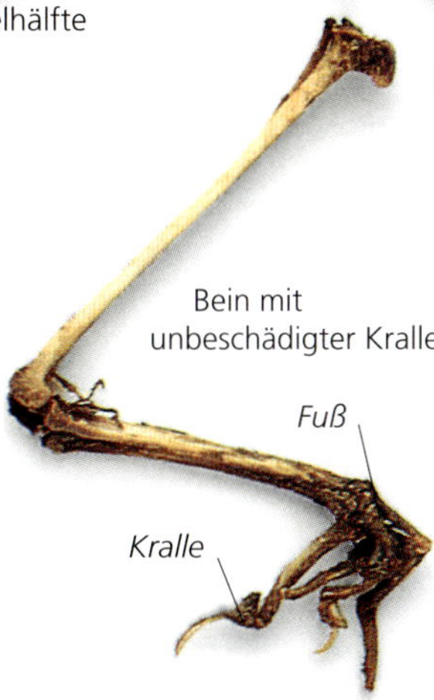

Bein mit unbeschädigter Kralle

Fuß

Kralle

Gabelbein (Teil der Schulter)

Rippen

Wie ein Nest entsteht

Wenn ein Vogel ein Nest baut, muss er zwei Dinge gleichzeitig tun: Er muss Nistmaterial sammeln und es zu einem Nest zusammenfügen. Der Zeitaufwand für das Sammeln hängt davon ab, wie weit die Materialien entfernt sind: Ein Rohrsänger muss sich kaum von der Stelle bewegen, um an trockene Schilfblätter zu kommen, während die Rauchschwalbe eine Pfütze finden muss, die genau den Lehm liefert, den sie braucht. Vögel gehen ganz systematisch vor, wenn sie neues Material in ihr Nest einbauen. Kehrt das Tier mit Halmen oder Federn zum Nest zurück, stopft es sie zuerst grob an die richtige Stelle. Dann setzt sich der Vogel in die Mitte des Nests und fängt an, sich ständig um sich selbst zu drehen, wobei er mit der Brust nach unten und nach außen drückt. Diese Drehbewegung, die dem Nestinneren seine Form gibt, machen alle Vögel. Napfnestbauer drehen sich und schieben dabei, während Vögel wie die Reiher beim Drehen mit den Beinen strampeln und dabei die einzelnen Zweige in die Nestplattform einpassen.

NATÜRLICHE BAUSTOFFE
Nistmaterialien haben zwei Hauptaufgaben: Sie müssen stützen und isolieren. Die meisten Hecken- und Waldvögel benutzen Halme oder Zweige für ihr Nest und fügen eine isolierende Innenauspolsterung hinzu, die aus Federn, Rispen oder Tierhaaren besteht. Mehlschwalben und einige andere Schwalben bauen Lehmnester, während ein anderer Insektenfresser, der Mauersegler, Nestmaterialien in der Luft sammelt, indem er schwebende Fasern im Schnabel fängt.

LEHM
bildet mit Speichel eine klebrige Paste.

SAMENWOLLE
dient als Isoliermaterial zur Nestauskleidung.

BLÄTTER UND NADELN
werden für das Innere vieler Napfnester verwendet.

ZWEIGE UND STÖCKCHEN
sind das wesentliche Baumaterial bei größeren Nestern.

WAS DER MENSCH WEGWIRFT
Alles, was ein Vogel tragen kann, kann auch in einem Vogelnest landen. Man weiß von Tauben, die buchstäblich auf einem Nagelbett nisteten, während Störche manchmal alte Kleidungsstücke und anderen Abfall in ihre umfangreichen Nester einbauen.

Nebelkrähe

BINDFÄDEN
Kleine Stücke davon sind in vielen Nestern.

METALLFOLIE
wird von Krähen und Elstern gesammelt.

PLASTIKSCHNUR
ist bei Vögeln auf Bauernhöfen sehr beliebt.

PAPIER UND ZELLSTOFF
findet man in den Nestern vieler Stadtvögel.

Nestzubehör

Es ist erstaunlich, was da alles zusammenkommt! Dieses Nest der Trauerbachstelze enthält alles, was dem Vogel geeignet erschien. Er hat Felder, Hecken, Mauern und Zäune abgesucht und dabei Hunderte oder vielleicht Tausende von Flügen unternommen, um alles, was er aufgelesen hat, zum Nest zu tragen.

SPIEGEL DER UMWELT
Kleine Nester enthalten oft all die Dinge, die der Lebensraum bietet.

FEDERN
Dieses beliebte Baumaterial wird entweder vom Boden aufgelesen oder aus alten Nestern stibitzt.

VIEHHAARE
Wie Wolle wird dieses gute Isoliermaterial von Zäunen und dornigen Büschen gesammelt.

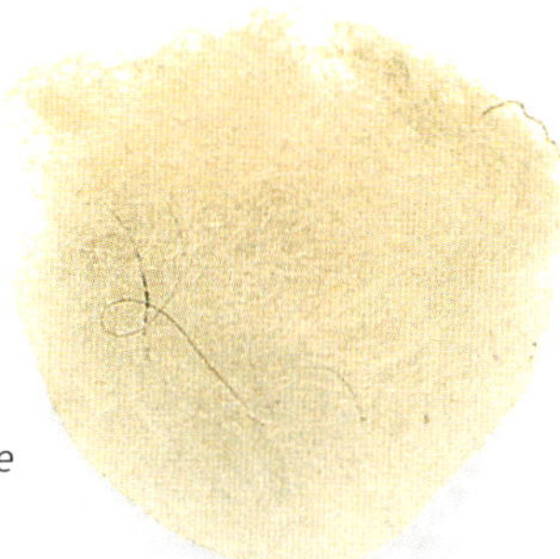

WOLLE
Wollbüschel, die an Stacheldraht hängen geblieben sind, werden von vielen nistenden Vögeln mitgenommen.

MOOS
Moos bindet Luft und verhindert Wärmeverluste – ein unentbehrlicher Schutz für junge Nestlinge.

FLECHTEN
Von Steinmauern und Baumästen abgezupfte Flechten tragen möglicherweise zur Tarnung des Nests bei.

PFERDEHAAR
Die rauen Schweifhaare des Pferdes helfen, dem Nest seine Napfform zu geben.

GRAS
Grashalme und -rispen werden in die Nestkonstruktion eingebaut.

Napfförmige Nester

Vogelnester sind so verschieden wie ihre Erbauer. Es können winzige, an Höhlenwände geklebte Speichelkonstruktionen sein, lange Röhren, die viele Meter weit in den Boden führen, oder – bei manchen Adlern – große und schwere Haufen aus Ästen und Zweigen, die mehr als ein Auto wiegen. Die bekanntesten sind zweifellos die napfförmigen Nester, wie sie von vielen Wald- und Heckenvögeln gebaut werden. Obwohl sie sich in der Form ziemlich ähneln, kann man die jeweiligen Erbauer anhand feiner Unterschiede so sicher wie an einem Fingerabdruck erkennen.

Buchfink am Nest

Saatkrähen, die auf einer Wetterfahne nisten

Gartenrotschwanz

EIN SPINNENNETZ ALS FUNDAMENT

Beim Nestbau wickelt der Buchfink zunächst Fäden aus einem Spinnennetz um eine Gruppe von Astgabeln. Sie bilden die Verankerung des Nests und nachdem er sich vergewissert hat, dass sie halten, baut er einen Napf aus Moos, Flechten und Gras und kleidet ihn mit Federn und Haaren aus. Wenn der Buchfink merkt, dass sein Nistplatz aus irgendeinem Grund nicht sicher ist, bringt er das Material aus dem alten Nest an den neuen Nistplatz, um allzu viel Mehrarbeit zu vermeiden.

FEDERPOLSTER AUS ZWEITER HAND

Federn sind ein wichtiger Bestandteil vieler Vogelnester. Singvögel wie der Gartenrotschwanz, dessen Nest hier abgebildet ist, sammeln von anderen Vögeln abgeworfene Federn, während Wasser- und Watvögel ihre eigenen Federn verwenden. Einige kleine Vögel, wie z. B. die Sperlinge, helfen dem Nachschub auf die Sprünge, indem sie größeren Vögeln Federn aus dem Rücken rupfen.

Singdrossel beim Füttern der Jungen

MEISTERWERK AUS LEHM

Viele Napfnestbauer verwenden Lehm für ihre Nestkonstruktion, aber in den meisten Fällen wird er als Unterlage unter einer Innenauskleidung aus Federn, Haaren oder Gras aufgetragen. Nur die Singdrossel benutzt Lehm als solchen als Innenauskleidung. Der Vogel baut einen festen äußeren Napf aus Zweigen und Gras, dann verschmiert er den halb flüssigen Brei im Inneren. Das Gemisch besteht zwar zum größten Teil aus Lehm, enthält jedoch auch Speichel und Tierexkremente. Sobald der Belag aufgetragen ist, wird er hart.

Nester auf Häusern

Obwohl die Vögel Millionen von Jahren gebraucht haben, um ihre Fähigkeiten beim Nestbau zu entwickeln, machen sie verblüffend schnell von allen neuen Nistplätzen Gebrauch, die ihnen zugänglich sind. Stein- und Ziegelhäuser gibt es erst seit relativ kurzer Zeit. Trotzdem haben sich manche Vögel – besonders Mauersegler, Schwalben und Störche – in großer Zahl häuslich auf und an ihnen eingerichtet. Mauern und Fenstersimse sind ein idealer Ersatznistplatz für Felsbrüter. Dächer und Kamine werden von Vögeln genutzt, deren Nester ursprünglich in Baumkronen zu finden waren. Regale und Werkzeugschuppen wiederum werden von Heckenvogelarten mit Beschlag belegt.

BAUMERSATZ
Störche errichten ihre Horste aus Zweigen auf Kaminen und Hausdächern. Storchenpaare kehren Jahr für Jahr zum gleichen Nistplatz zurück.

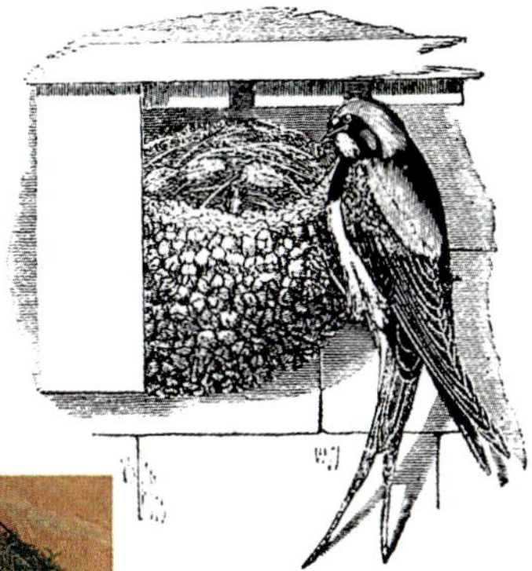

KÜNSTLICHE FELSWÄNDE
Schwalben kleben ihre Lehmnester an Simse und senkrechte Wände.

HECKENHÖHE
Heckenvögel suchen sich Nistplätze nach ihrer Höhe aus. Dieser Besen ist für eine Amsel genau richtig.

Nachtigall mit Jungen

WIEDERVERWENDUNG
Während manche napfförmigen Nester sorgfältig zusammengebaut, geformt und ausgekleidet werden, sind andere weniger geschickt konstruiert. Das Nest dieser Nachtigall besteht aus Schilf und Gras. Solche lockeren Nester können von anderen Vögeln zwecks „Recycling" auseinandergezupft werden, wenn ihre Besitzer sie verlassen haben.

Schilf

Lockere Konstruktion aus Blättern, Gras und Schilf

Innenauskleidung aus Gras

Auskleidung aus Haaren, die von Bäumen gesammelt wurden, an denen sich Tiere gescheuert hatten

Äußerer Napf aus miteinander verflochtenen Gräsern, Blättern und Halmen

EIN NEST VOLLER HAARE
Rohrammern bauen ihre kleinen, napfförmigen Nester direkt am Boden oder dicht darüber. Der bauende Vogel (in diesem Fall nur das Weibchen) beginnt mit einem Rahmen aus dichtem Gras. Anschließend kommt die Auskleidung hinzu – eine dicke Schicht aus Fell oder Haar, das von Dornsträuchern und Stacheldrahtzäunen abgesammelt wird.

Rohrammerweibchen am Nest

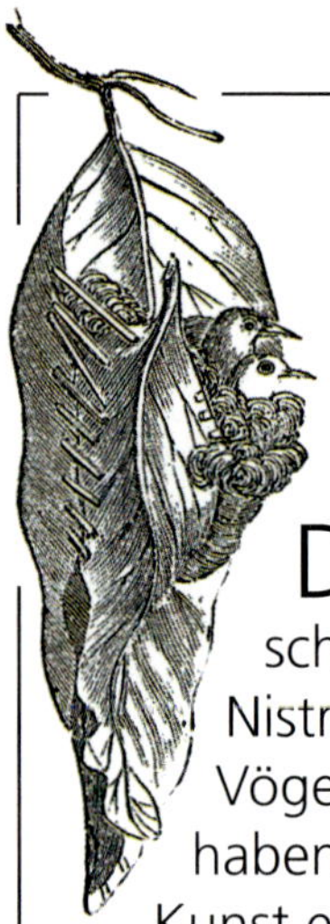

Ungewöhnliche Nester

Die Vorfahren der heutigen Vögel scharrten wahrscheinlich einfache Nistmulden in den Boden. Manche Vögel tun das noch immer, andere haben den Nestbau zu einer wahren Kunst entwickelt und weben verblüffend komplizierte Nester. Aber erstaunlicherweise begreift keiner dieser Vogelarchitekten wirklich, was er da tut. Der Nestbau geht völlig instinktiv vonstatten. Obwohl ein Vogel durch Übung lernt, braucht er keine Ausbildung und ist unfähig, von seinem Bauplan abzuweichen.

EIN NEST AUS BINDFÄDEN
Der Baltimore-Trupial ist in den ländlichen Gebieten Nordamerikas zu Hause. Wie alle Vögel, die in der Nähe des Menschen nisten, hat er einen Blick für die Materialien von Menschenhand. Dieses Nest besteht aus Viehhaaren. Der Vogel hat geschickt etwas Schnur um einen Zweig gewickelt, um sein Nest besser zu befestigen.

Ein Baltimore-Trupial an seinem charakteristischen Nest

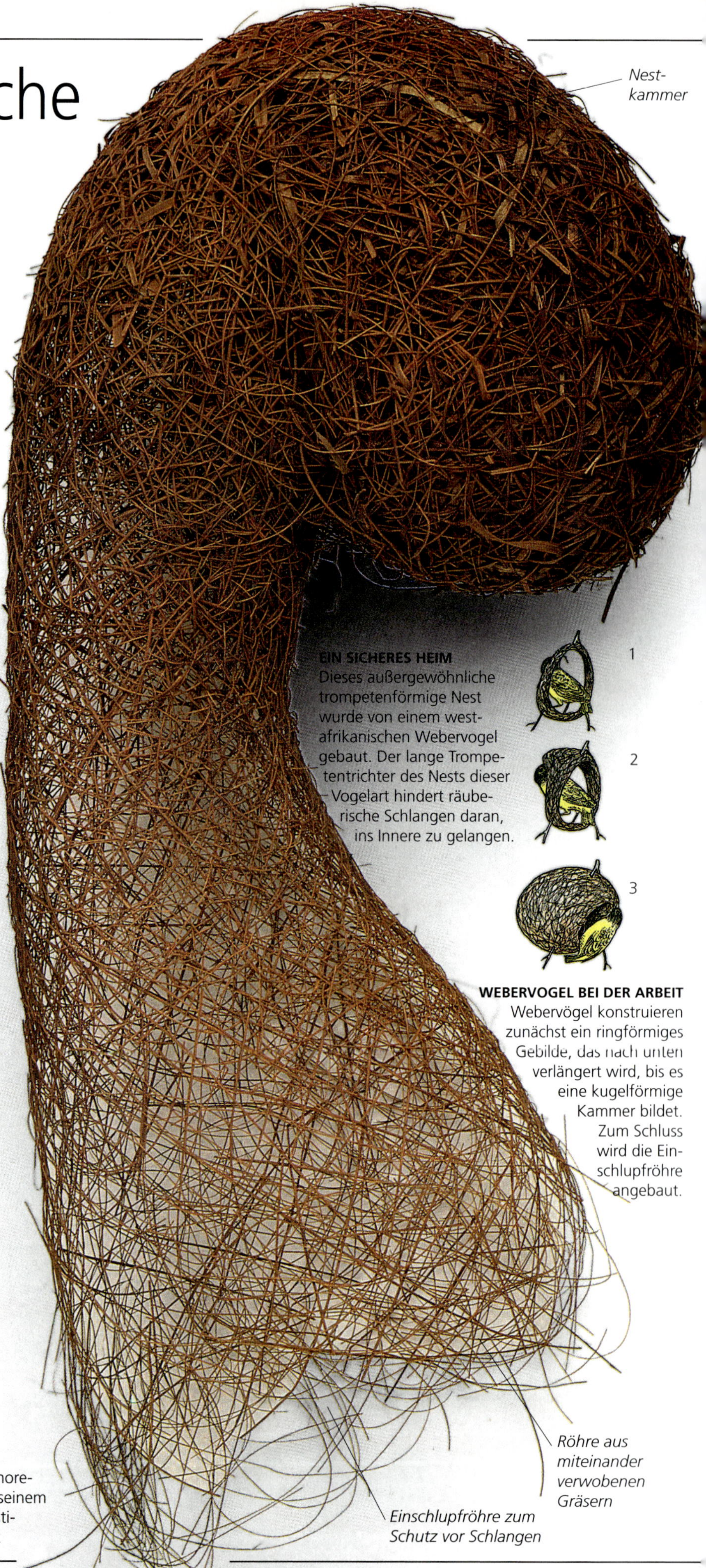

EIN SICHERES HEIM
Dieses außergewöhnliche trompetenförmige Nest wurde von einem westafrikanischen Webervogel gebaut. Der lange Trompetentrichter des Nests dieser Vogelart hindert räuberische Schlangen daran, ins Innere zu gelangen.

1
2
3

WEBERVOGEL BEI DER ARBEIT
Webervögel konstruieren zunächst ein ringförmiges Gebilde, das nach unten verlängert wird, bis es eine kugelförmige Kammer bildet. Zum Schluss wird die Einschlupfröhre angebaut.

MEHRSTÖCKIGE NESTER
In Wirklichkeit haben Webervogelnester keinen gemeinsamen Eingang, wie dieser fantasievolle Stich glauben lässt.

ARBEITSTEILUNG
Das Männchen des Dorfwebers erledigt fast alle Außenarbeiten an diesem kunstvollen glockenförmigen Nest. Sobald ein Weibchen mit seiner Arbeit zufrieden ist und einzieht, kleidet sie es innen fertig aus. Während sie auf ihrem Gelege sitzt, hat das Männchen schon mit einem neuen Nest angefangen. Es ist jedoch unwahrscheinlich, dass es sich weit entfernt, denn wie die meisten Webervögel ist der Dorfweber ein sehr geselliger Vogel. Es kommt vor, dass Hunderte ihre Nester im gleichen Baum bauen.

Akazienzweig

Nestkammer

Einschlupfloch

Grashalme

Teichrohrsänger

Nest aus Schilfrispen, Gras und Federn

Schilf

EIN KORB IM SCHILF
Das Nest des Teichrohrsängers ist an Schilfhalmen aufgehängt. Der Bau des tiefen Napfes erfordert einige akrobatische Fähigkeiten, weil die Halme, an denen das Nest befestigt ist, oftmals im Wind hin und her schwanken. Das Nest wird mit „Griffen" fast wie bei einem Korb verankert, und sowohl das Männchen als auch das Weibchen bauen auf diesem Fundament, indem sie Schilfrispen, Gras und Federn hinzufügen.

Federn

Dicht verflochtene Konstruktion aus Moos, Haaren und Spinnenfäden

Einschlupfloch

Nest der Beutelmeise

ENGES QUARTIER
Obwohl es von der Spitze bis zum Boden nur 18 cm misst, ist das Nest der Schwanzmeise eines der kunstvollsten außerhalb der Tropen. Es besteht aus Spinnengewebe, Moos und Haaren und ist mit Hunderten von winzigen Federn ausgelegt. Es ist jedoch so eng, dass das Weibchen nur hineinpasst, wenn es drinnen den Schwanz biegt oder knickt.

WOHNGEMEINSCHAFT
Viele Vogelarten bauen Gemeinschaftsnester, wenn auch nicht ganz so elegant wie hier im Bild.

Eier der Wasser- und Watvögel

Wie die Eier aussehen, hängt von der Lebensweise der betreffenden Art ab. Seevögel, die nur zum Brüten an Land kommen, legen gewöhnlich ein einziges Ei auf Felsvorsprünge, wo Feinde nicht an sie herankönnen. Watvögel legen mehr Eier, aber an den Küsten und Flussmündungen gibt es wenig Deckung für ihre Nester. Deshalb sind ihre Eier tarnfarben.

Möwen

PFLEGEEIER
Hin und wieder legt das Teichhuhn sein erstes Gelege einem anderen Vogel ins Nest, damit der nichtsahnende Nachbar sich darum kümmert. Danach macht es sich daran, bis zu einem Dutzend seiner Eier selbst auszubrüten.

Löffelenten

WARNUNG!
Alle hier abgebildeten Eier stammen aus Sammlungen in Museen. Das Sammeln oder Berühren von Eiern frei lebender Vögel ist heute streng verboten.

SEESCHWALBENEIER
Zwergseeschwalben legen zwei bis drei Eier gleichzeitig in eine Bodenmulde, gewöhnlich an einen Kiesstrand. Durch ihr feines Muster sind die Eier kaum von den Steinchen der Umgebung zu unterscheiden.

Sparei

Normales Ei

VERSCHIEDENE GRÖSSEN
Wie ein Wurf von Säugetieren ein zu kleines Exemplar enthalten kann, so ist es hin und wieder auch bei einem Vogelgelege. Beide Eier stammen von einer Löffelente. Wie die meisten Enten legt sie viele Eier – zwischen 8 und 12 pro Gelege.

EIER UNTER AUFSICHT
Fluss-Seeschwalbengelege werden von den Altvögeln heftig verteidigt. Während der Brutzeit greifen die Vögel jeden Eindringling – auch Menschen – an, indem sie direkt auf ihn herabstoßen.

MÖWENEIER
Viele Möwen legen ihre Eier auf den Boden, wo Tarnung wichtig ist. Dieses Ei stammt von einer der größten Möwen, der Mantelmöwe. Die braune Sprenkelung verbirgt es während der vier Wochen langen Brutzeit vor Räubern, zu denen auch andere Möwen gehören können.

DAS EI, DAS ZURÜCKROLLT
Trottellummeneier haben eine auffällige Form und können sehr verschieden gefärbt sein. Trottellummen bauen keine Nester. Das Weibchen legt sein einziges Ei direkt auf einen nackten Felssims. Dank seines zugespitzten Pols kann es kaum zufällig herunterfallen. Wenn es ins Rollen kommt, beschreibt es einen engen Kreis und bleibt meist heil. Die verschiedenen Farben sind schwierig zu erklären. Vielleicht helfen sie den Eltern ihr eigenes Ei unter den Tausenden in einer Trottellummenkolonie zu erkennen.

Trottellumme

Cremigbraune Form

Weiße Form

Grau gestreifte Form

TARNEN UND VERLEITEN
Der Flussregenpfeifer legt seine Eier auf Kies und Geröll dicht am Wasser, wo sie durch ihre Tarnfärbung geschützt sind. Falls ein Eindringling in die Nähe des Nests kommt, fliegen die Eltern direkt auf ihn zu und weichen ihm erst im letzten Moment aus, um seine Aufmerksamkeit von den Eiern abzulenken. Wenn die Jungen ausgeschlüpft sind, werden die Ablenkungsversuche noch raffinierter. Die Eltern laufen dann von den Nestlingen weg, um den Räuber zu verwirren.

SPÄTENTWICKLER
Das einzige Ei des Eissturmvogels muss 7,5 Wochen lang bebrütet werden, ehe das Junge schlüpft. Es wird auf ein Felsband gelegt und seine Farbe zeigt, dass so weit außerhalb der Reichweite von vierbeinigen Räubern kaum Tarnung nötig ist.

Ei aus dunklem Gelege

Ei aus gesprenkeltem Gelege

Ei aus hellem Gelege

Bekassine

FARBEN IM GELEGE
Jedes dieser drei Eier stammt von einem kleinen Watvogel. Viele tarnfarbene Eier variieren in Muster und Farbe von einem Gelege zum anderen sehr stark. Innerhalb eines Geleges sind sich die Eier jedoch sehr ähnlich.

LANGOVALE FORM
Der Haubentaucher legt seine symmetrisch geformten Eier in ein Schwimmnest aus nassen Pflanzen. Die meisten Taucher haben ungewöhnlich spitze Eier. Man weiß nicht, warum.

Großer Brachvogel

SCHWERGEWICHT
An einem Ende spitz, am anderen stumpf: Das Ei des Großen Brachvogels ist leicht zu erkennen. Er legt sein Gelege in eine Mulde am Boden.

VERSTECK IN DER BAUMKRONE
Der Graureiher baut sein Nest hoch oben auf Bäumen, weshalb man seine bläulichen Eier nur selten sieht. Dieses Exemplar war hellblau, ist jedoch verblasst.

DIREKT AM WASSER
Taucher sind Fischfresser und brüten an Süßwasserseen. An Land sind sie unbeholfen. Sie legen ihre dunkelbraunen Eier daher direkt ans Ufer, um das Risiko einer Beschädigung zu verringern.

REKORDBRUTZEIT
Albatroseier sind die größten und schwersten unter allen Seevögeln. Manche Exemplare wiegen mehr als 500 g. Albatrosse haben auch die längste Brutzeit unter allen Vögeln. Die Eltern bebrüten ihr einziges Ei 2,5 Monate.

Albatros

Eier der Landvögel

Kleine Landvögel wie die Samen- und Insektenfresser legen kleine Eier. Einige produzieren jedoch große Gelege – manchmal mit mehr als 12 Eiern –, andere durchlaufen ihren Brutzyklus sehr rasch und bringen mehrere Gelege in einer einzigen Brutperiode zustande. Große Vögel legen weit weniger Eier. Adler und Geier zum Beispiel produzieren pro Jahr nicht mehr als ein einziges kleines Gelege.

VERSTECK IM UNTERHOLZ
Die Nachtigall baut ihr Nest in niedrigen, dichten Büschen. Ihre braunen Eier liegen gut verborgen im Schatten der Blätter und Zweige.

Kohlmeisenei

Blaumeisen

SCHWERES GELEGE
Meisen, zu denen die Kohlmeise, die Blaumeise und die amerikanische Schwarzkopfmeise gehören, legen bis zu 15 Eier, sodass jedes Gelege bis zu einem Drittel mehr als der Vogel wiegt.

Ei des Waldlaubsängers

Ei des Sumpfrohrsängers

Ei des Buchfinken

Ei des Kernbeißers

SPÄTSTARTER
Finken legen 4–6 Eier in Baum- und Strauchnester. Manche brüten erst im Frühsommer, wenn sie Samenkörner – ihre Hauptnahrung – bekommen.

SOMMERGÄSTE
Die meisten insektenfressenden Singvögel sind Zugvögel. Ihre Ankunft fällt mit der alljährlichen Bevölkerungsexplosion bei den Insekten zusammen, die reichlich Nahrung für die zahlreiche Nachkommenschaft liefert.

Manche der hier abgebildeten Eier haben ihre ursprüngliche Farbe eingebüßt, da sie schon recht alt sind.

AM BODEN
Ammern sind sperlingsähnliche Vögel, die ihre Eier direkt am Boden oder in geringer Höhe ablegen. Dies ist ein Grauammernei. Das Ungewöhnliche an dieser Vogelart ist, dass bis zu sieben Weibchen sich ein Männchen teilen.

Waldkauzei

Steinkauzei

Waldohreule

GUT SICHTBARE EIER
Euleneier sind weiß, fast rund und haben eine glänzende Schale. Die runde Form ist typisch für viele Höhlenbrüter. Vielleicht hilft die helle Farbe den Eltern ihre Eier im Halbdunkel zu erkennen oder sie hat sich entwickelt, weil die Eier nicht versteckt werden müssen.

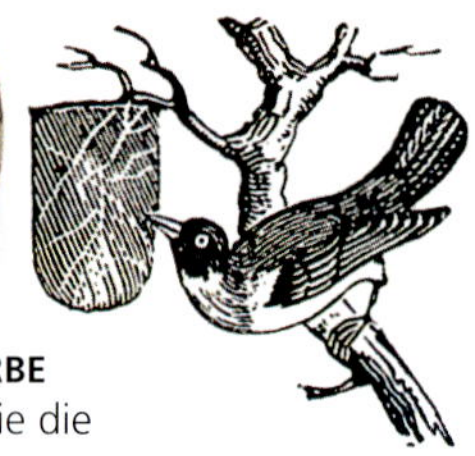

Baltimore-Trupial

ZUSÄTZLICHE FARBE
Schalenfarben wie die braunen und grauen Streifen auf dem Ei dieses Baltimore-Trupials werden erst wenige Stunden vor der Ablage gebildet.

FLIEGENGEWICHT
Die Ringeltaube, ein typischer mittelgroßer Vogel, legt zwei Eier. Sie wiegen zusammen nicht einmal ein Zehntel so viel wie die Mutter, im Vergleich zu den Eiern kleinerer Vögel also sehr wenig.

NISTPLATZ IM KAMIN
Die Dohle, ein Mitglied der Rabenfamilie, nistet in Baumhöhlen, auf Felsabsätzen und an Gebäuden. Kamine gehören zu ihren bevorzugten Brutplätzen – was sich manchmal als verhängnisvoll erweist.

Normales Ei

Ei mit zwei Dottern

ABNORME EIER
Im Verlauf der Eiproduktion geht manchmal etwas schief. Eier mit zwei Dottern, gewöhnlich größer als normale Eier, sind durchaus nicht selten. Hier ist ein Krähenei mit zwei Dottern neben einem normalen Exemplar zu sehen.

Rabenkrähe

TARNUNG IM MOOR
Ein Blick auf die tarnfarbenen Eier des Moorschneehuhns zeigt, dass es ein Bodenbrüter ist. Dicke Farbkleckse tragen dazu bei, die Gelege von bis zu 10 Eiern während der monatelangen Brutzeit zwischen Heide- und Farnkraut zu verbergen.

DAS TÄUSCHUNGSMANÖVER DES KUCKUCKS
Kuckucke legen ihre Eier anderen Vögeln ins Nest. Die Wirtsvögel sind stets viel kleiner als der Kuckuck. Dieser hat im Lauf der Zeit Eier entwickelt, die für einen Vogel seiner Größe winzig sind. Hier hat ein Kuckuck sein Ei in das Gelege eines Rotkehlchens gelegt.

Kuckuck

NICHT GELUNGEN
Bei so vielen Gasteltern gelingt es dem Kuckuck nicht immer, ein passendes Ei abzulegen.

WANDERDROSSEL
Dieser Vogel ist ein amerikanischer Vetter unserer Amsel.

EIER AM LAUFENDEN BAND
Das Gelege der Amsel mit seinen vier Eiern ist typisch für Angehörige der Drosselfamilie. Sie alle sind imstande, mehr als eine Brut pro Jahr großzuziehen. Wenn die Umstände besonders günstig sind, kann ein Amselweibchen bis zu fünf Gelege in einer Brutperiode hervorbringen. Der Winter fordert jedoch seinen Tribut unter den Jungen und nur wenige überleben bis zum nächsten Jahr.

TAGESVERSTECK
Der nachtaktive Ziegenmelker baut kein Nest, sondern legt seine beiden Eier stattdessen auf den nackten Boden. Die Tarnung der Eier ist fast so gut wie die des Altvogels (S. 28).

HÖHLENBRÜTER
Viele Spechte meißeln Nisthöhlen in Bäume. Ihre Eier sind weiß und glänzend und haben viel Ähnlichkeit mit denen der Eulen, die ebenfalls in Höhlen nisten.

ÜBER DEN DÄCHERN DER STADT
Das Gelege des Turmfalken besteht aus 4–6 Eiern. Er nistet gewöhnlich an hohen Gebäuden in der Stadt, wo seine Eier ungeschützt auf Vorsprüngen und Fenstersimsen liegen.

AUFWÄRTSTREND
Der Sperber erholt sich inzwischen von den Schäden, die ihm bis in die 1970er-Jahre hinein durch DDT zugefügt wurden. Das Pestizid war schuld daran, dass die Vögel dünnschalige Eier legten, von denen viele während der Brutzeit zerbrachen.

FISCHFRESSER
Die Eier des Fischadlers, einer der am weitesten verbreiteten Vögel der Welt, haben ungewöhnlich unterschiedliche Farben. Es dauert etwa fünf Wochen, bis sie ausgebrütet sind.

ALTWELTGEIER
Der Schmutzgeier legt seine Eier auf hohe Felsen und in Höhleneingänge. Als ausgewachsener Vogel ernährt er sich von den Eiern anderer größerer Vögel, die er mit einem Stein aufbricht.

EINS VON BEIDEN
Die Gelege der Adler bestehen aus jeweils zwei Eiern. Anders als kleine Vögel, die ein Ei pro Tag legen, lassen die Adler sich zwischen dem ersten und dem zweiten Ei ein paar Tage Zeit.

ENTWICKLUNG IM SCHNECKENTEMPO
Der Mäusebussard legt 2–4 Eier. Die Brutzeit dauert über fünf Wochen und die Jungvögel bleiben weitere sechs Wochen im Nest. Infolgedessen können die Eltern nur ein Gelege pro Jahr großziehen.

Ungewöhnliche Eier

Der größte heute lebende Vogel, der Strauß, legt ein Ei, das 4500-mal so schwer ist wie das Ei des kleinsten, eines Kolibris. Einer der schwersten Vögel, die es je gegeben hat, der ausgestorbene Madagaskar-Strauß, legte Eier, die jeweils sieben Straußeneier hätten aufnehmen können, und es wäre noch Platz übrig geblieben. Die außerordentlichen Größenunterschiede zwischen den Vogelarten werden an ihren Eiern besonders deutlich.

DER ROCK
Dieses Wesen aus *Tausendundeiner Nacht* hat möglicherweise wirklich existiert, wenn auch nicht als Bewohner der Lüfte. Vielleicht war damit der riesige, flugunfähige Madagaskar-Strauß gemeint.

KOLIBRI-EIER
Jedes Ei wiegt etwa ein Fünftel des ausgewachsenen Vogels.

STRAUSSEN-EI
Jedes Ei wiegt bis zu 1,5 kg – ungefähr ein Hundertstel des ausgewachsenen Vogels.

Fast 2 mm dicke Schale

Kolibris

LEICHTER ALS FEDERN
Kolibri-Eier sind die kleinsten Vogeleier überhaupt. Das winzigste davon misst etwa 1 cm in der Länge und wiegt ungefähr 0,35 g. Die Eier haben eine ausgeprägt zylindrische Form. In den winzigen, napfförmigen Nestern liegen immer nur zwei Eier. Es dauert etwa drei Wochen, bis die Jungen flügge sind und das Nest verlassen, um für sich selbst zu sorgen.

Strauß

ZU VIEL AUF EINMAL
Der Strauß legt die größten Eier unter allen heute lebenden Vögeln. Jede Henne bringt ein Gelege von etwa zehn Eiern hervor, doch es kommt vor, dass mehrere Vögel ihre Eier in ein Nest legen. So können Riesengelege von bis zu 50 Eiern entstehen.

EMU-EI
Das Ei wiegt nur gut 1 % des ausgewachsenen Vogels.

KIWI-EI
Das Ei wiegt fast ein Viertel des ausgewachsenen Vogels.

Emu

EIN EI, DAS DIE FARBE WECHSELT
Frisch abgelegte Eier des australischen Emus sind mattgrün, aber innerhalb von wenigen Tagen werden sie schwarz und glänzend. Wie der Strauß hat auch der Emu eine große Kinderschar: Ein Weibchen legt bis zu zehn Eier, die jeweils 700 g wiegen.

Kiwi

DAS ÜBERGROSSE KIWI-EI
Der hühnergroße Kiwi legt im Verhältnis zu seinem Körpergewicht das größte Ei unter allen Vögeln. Jedes Ei wiegt etwa 450 g und gewöhnlich legt das 1,7 kg schwere Kiwi-Weibchen nur eins. Doch dann beginnt erst die eigentliche Arbeit, denn die Brutzeit dauert fast 2,5 Monate.

EI DES MADAGASKAR-STRAUSSES
Das Eigewicht betrug ungefähr 3 % des ausgewachsenen Vogels.

DAS GRÖSSTE EI
Der Vogel, der dieses Monster-Ei gelegt hat, der legendäre Madagaskar-Strauß, wog fast 0,5 t und jedes seiner riesigen Eier brachte 12 kg auf die Waage. Damit ist es das größte, das je gelegt wurde. Obwohl die Vögel vor etwa 700 Jahren ausstarben, hat man in den Sümpfen der Insel ganze Eier und zerbrochene Schalen entdeckt. Die Eier der Madagaskar-Strauße übertreffen an Größe mühelos diejenigen der Dinosaurier.

Ein Küken schlüpft

Gemessen an ihrem geringen Gewicht ist die Schale eines Eis ungemein hart und ein schlüpfender Vogel muss stunden- oder sogar tagelang schwer arbeiten, um diese Barriere zur Außenwelt zu durchbrechen. Manche Vögel schlüpfen bereits, wenn sie noch kaum entwickelt sind. Als Nestlinge sind sie hilflos und völlig von ihren Eltern abhängig. Nestflüchter wie der hier abgebildete Fasan sind jedoch schon gut entwickelt, wenn sie auf die Welt kommen, und können bald für sich selbst sorgen.

12.00

1 BEREIT ZUM SCHLÜPFEN
Bei einem Fasanenküken ist, wie überhaupt bei allen Vögeln, von der ersten Phase des Schlupfvorgangs nichts zu sehen. Das noch vollständig von der Schale umschlossene Küken dreht sich, sodass sein Schnabel zum stumpfen Pol des Eis zeigt. Dann pickt es mit einer plötzlichen Kopfbewegung auf die Luftkammer ein. Das ist ein kritischer Punkt, weil das Küken zum ersten Mal imstande ist zu atmen, wenn es in die Luftkammer eindringt. Sobald seine Lunge arbeitet, kann das Küken im Inneren des Eis nach seiner Mutter rufen. Diese Rufe helfen dem Altvogel sich auf den Schlupfbeginn vorzubereiten.

IM INNEREN DES EIS
Die Entwicklung setzt ein, sobald die Mutter mit dem Brüten beginnt.

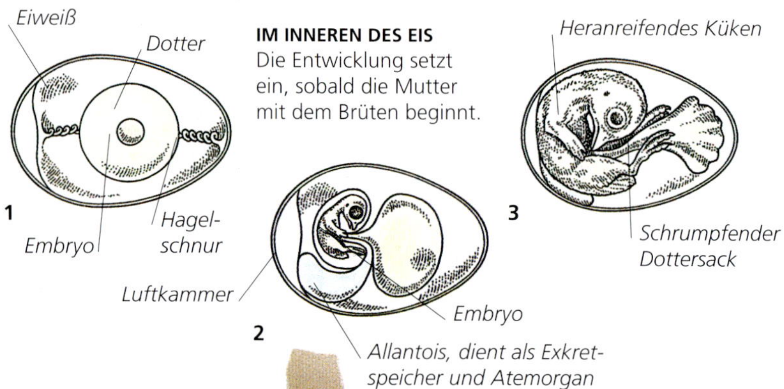

12.30

4 DEN KREIS VOLLENDEN
Jetzt hat das Küken das stumpfe Ende fast vom übrigen Ei abgetrennt. Große Stücke der Schale fallen ab, während das Küken sich bemüht mit seiner Arbeit fertig zu werden. Ein ganzes Fasanengelege schlüpft im Lauf von wenigen Stunden. Wenn das Küken also dieses Stadium erreicht hat, sind seine Brüder und Schwestern ebenfalls schon im Schlüpfen begriffen.

12.32

5 HALT FINDEN
Nachdem es einen vollständigen Kreis durch die Schale geschlagen hat, macht sich das Küken daran, aus dem Ei herauszukommen. Von nun an geht alles sehr schnell. Zuerst greift das Küken mit seinen Zehen über den Rand der Schale (hier sind sie gerade eben zu sehen), und sobald es richtig Halt gefunden hat, fängt es an, mit Füßen und Schultern zu drücken. Ein paar Schübe, und das stumpfe Ende des Eis wird abgehoben.

12.00

2 DIE SCHALE BRICHT

Das eigentliche Schlüpfen beginnt, wenn das Küken nach mehreren Versuchen endlich die Schale durchbricht. Dies tut es mithilfe von zwei speziell dafür geeigneten Hilfsmitteln. Eines davon ist der Eizahn, ein kleiner Höcker am Schnabel, der die Schale durchstößt und kurz nach dem Schlüpfen abfällt. Das zweite ist ein starker Muskel am Hinterkopf, der den Stößen des Eizahns Kraft verleiht. Zwischen den Pickphasen legt das Küken lange Ruhepausen ein.

12.15

3 EINEN KREIS AUSSCHNEIDEN

Wenn das Küken die Schale aufgebrochen hat, macht es sich daran, den Sprung zur Seite hin zu verlängern. Nach jedem Arbeitsgang hält es inne und dreht sich ein bisschen, indem es mit den Füßen stößt. Das wird mehrfach wiederholt. So erzeugt das Küken einen Riss, der sauber um den stumpfen Pol des Eis herumläuft und es ihm schließlich erlaubt, die Kappe wegzustoßen.

12.32

6 ENDLICH DRAUSSEN ...

Jetzt sind die Füße des Kükens deutlich zu sehen. Es drückt noch einmal kräftig und der stumpfe Pol des Eis bricht ab und sitzt nun wie ein Hut auf dem Kopf des Kükens. Diese Art des Schlüpfens – mit dem Kopf voran – findet man bei fast allen Vögeln. Die einzigen Ausnahmen bilden manche Watvögel und andere Bodenbrüter, die ihre Eier entweder in unregelmäßige Stücke brechen oder sich mit den Füßen voran ins Freie arbeiten.

12.33

7 ... IN DER AUSSENWELT

Mit einem letzten Stoß purzelt das Küken aus der Schale, die es während der 3,5-wöchigen Brutzeit geschützt hat. In den nächsten beiden Stunden werden seine Federn trocknen und können sich aufplustern, um eine isolierende Hülle zu bilden, die es warm hält. Sobald das geschehen ist, stürzt das Küken sich ins Getümmel: Fressen und Wachsen stehen nun auf dem Programm. Fasanenküken verlassen ihr Nest fast sofort und so erstaunlich es klingt, sie können schon nach zwei Wochen fliegen.

Die Jungen wachsen heran

Am Boden brütende Vögel sind bereits gut entwickelt, wenn sie schlüpfen (S. 56). Die frisch geschlüpften Jungen vieler Baum- und Höhlenbrüter sind jedoch wenig mehr als unförmige Fressmaschinen. Sie besitzen ein gut entwickeltes Verdauungssystem, doch alles Übrige ist noch unfertig, selbst die Augen. Das bleibt nicht lange so. Dank des reichlichen Futters wachsen Nestlinge wie die der Blaumeise in rasantem Tempo. Die Jungvögel vieler Arten verzehnfachen ihr Gewicht in ebenso vielen Tagen. Ihre Entwicklung geht so schnell vor sich, dass sie die Jungen der Nesthocker bald einholen.

1 **DER ERSTE TAG**
24 Stunden nach der Geburt sind die jungen Blaumeisen noch unbefiedert und ihre Augen sind geschlossen. Tagsüber verlassen beide Eltern die Nestlinge, um Futter zu suchen. Die Jungen bleiben jedoch nie lange allein, weil die Eltern alle paar Minuten mit Futter zum Nest zurückkehren – zusammen bis zu 1000-mal pro Tag.

2 **DER DRITTE TAG**
Ein Bild, das den erschöpften Eltern nur allzu vertraut ist: Die heranwachsenden Jungen betteln um Futter. Das Bettelverhalten wird durch die Ankunft der Eltern am Nest ausgelöst, manchmal auch durch deren Rufe. Am dritten Tag sind bereits die Nestlingsdunen zu erkennen und die Jungvögel wiegen jetzt viermal mehr als bei der Geburt.

3 **DER FÜNFTE TAG**
Mittlerweile sind dunkelgraue Federraine auf dem Rücken und den Flügeln der Jungen erschienen. Das sind Hautbereiche, deren Aufgabe in der Produktion von Federn besteht. Auf den Flügeln hat bereits die Entwicklung der röhrenförmigen Scheiden eingesetzt, aus denen später die Schwungfedern hervorbrechen werden.

EIN GUTES OMEN
Weil er seinem Partner treu ist und sich unermüdlich um seine Jungen kümmert, betrachtet man den Storch in vielen Ländern der Welt als Glücksbringer.

4 DER NEUNTE TAG
Die Federscheiden werden länger, die Spitzen der Schwungfedern sind schon zu sehen. Die nackten Hautbereiche zwischen den Federrainen verschwinden allmählich. Sie werden von den wachsenden Federn bedeckt. Im Nest wird es langsam eng, obwohl fünf Nestlinge nach Blaumeisen-Maßstäben eine ziemlich kleine Familie darstellen.

FLUCHT AUS DER GEFAHR
Obwohl die meisten Vögel ihre Nachkommen durch Verleiten oder aggressives Verhalten verteidigen, wenn sie bedroht werden, können manche Eltern ihre Jungen notfalls wegtragen. Dazu benutzen sie entweder den Schnabel, die Läufe oder die Krallen.

LUFTBRÜCKE
Die Waldschnepfe soll ein Küken im Flug zwischen den Beinen tragen können.

ZANGENBEWEGUNG
Die scheue Wasserralle trägt ihre Küken in ihrem langen Schnabel.

FEST IM GRIFF
Man nimmt an, dass manche Greifvögel ihre Jungen in den Krallen transportieren können.

5 DER DREIZEHNTE TAG
Im Alter von fast zwei Wochen sind die jungen Blaumeisen ganz befiedert und ihre Augen sind offen. Binnen weiteren fünf Tagen werden sie das Nest verlassen, aber auch dann folgen die Jungvögel ihren Eltern noch einige Zeit und betteln um Futter. Völlig selbstständig werden sie oft erst dann, wenn die Eltern mit den Vorbereitungen für die nächste Brut beginnen.

Vögel am Haus und im Garten

Im Winter kann ein Rotkehlchen innerhalb einer Nacht bis zu einem Zehntel seines Körpergewichts verbrennen, nur um die langen Stunden der Dunkelheit zu überstehen. Jedes Mal, wenn ein neuer kalter Tag anbricht, muss der hungrige Vogel so schnell wie möglich Futter finden, sonst stirbt er. Wer Vögel in seinen Garten locken möchte, sollte ihnen daher im Winter Futter anbieten. Samenkörner, Nüsse und Fett helfen den Vögeln und wir kommen in den Genuss, sie aus der Nähe beobachten zu können. Viele Gartenvögel lassen sich auch dazu bewegen, im Sommer zu bleiben, wenn wir ihnen einen Nistplatz zur Verfügung stellen. Da es immer weniger geeignete Höhlen gibt, sind Nistkästen bei vielen Vogelarten sehr begehrt.

Kohlmeisen, Blaumeisen und andere Arten lassen sich von Nüssen und Fett in Futterhäuschen anlocken.

DER RUF DER WILDNIS
Es heißt, der heilige Franz von Assisi habe eine besondere Anziehungskraft auf die Vögel ausgeübt.

GIEBELKÄSTEN
Das Dach schützt die Nestlinge vor Regen. Wenn die Sonne scheint, kann es zur Aufheizung im Inneren kommen. Solche Kästen sollten daher an einem schattigen Ort angebracht werden.

Ein geneigtes Dach lässt Regenwasser abfließen.

Durchmesser des Einfluglochs: 29 mm

Sitzstange

GESCHLOSSENER NISTKASTEN
Ein solcher Kasten eignet sich für Meisen, Kleiber und andere Arten.

Der Deckel lässt sich zur Kontrolle öffnen.

HALBHÖHLE
Rotkehlchen, Fliegenschnäpper, Zaunkönige und Bachstelzen bevorzugen gut versteckte Nistkästen, aus denen sie beim Brüten einen guten Ausblick haben.

Ein abnehmbarer Deckel erleichtert Nestkontrollen.

Die Nistkammer besteht aus den beiden ausgehöhlten und zusammengenagelten Hälften eines Holzklotzes.

NISTKASTEN AUS NATURHOLZ
Ein ausgehöhlter Stammabschnitt eignet sich vorzüglich für kleine Waldvögel. Dieser Kasten hat keine Sitzstange, aber die Borke rund um das Einschlupfloch ist so rau, dass der Vogel guten Halt findet.

Hier ausgestreutes Futter lockt möglicherweise Störenfriede an.

DEKORKASTEN
Was Menschen gefällt, muss Vögeln nicht unbedingt auch zusagen. Wer sich für ein solches „Fantasiemodell" entscheidet, sollte darauf achten, dass es solide gebaut ist, dass das Dach auch wirklich regendicht ist und dass man den Kasten reinigen kann.

MEHLWÜRMER
Insektenfressende Vögel finden diese Käferlarven geradezu unwiderstehlich. Mehlwürmer kann man in Behältern züchten, die mit Kleie gefüllt sind.

Ein Buntspecht lässt sich Erdnüsse schmecken.

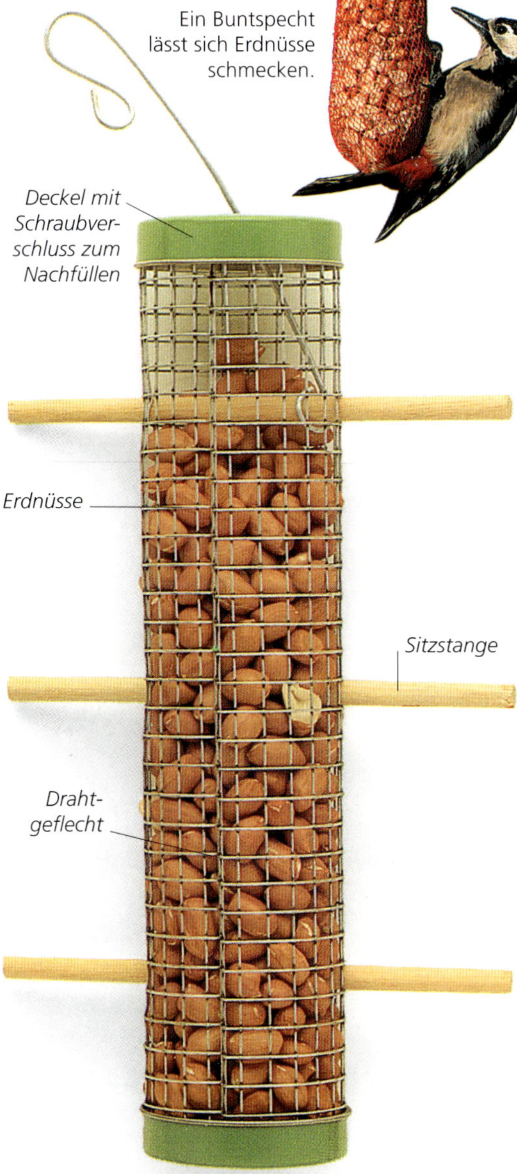

FUTTERSILO
Meisen und Grünfinken mögen ungesalzene Erdnüsse. Ein hängender Futterspender hilft größere Vögel fernzuhalten.

Meisenknödel aus Fett und Körnern

Handelsübliche Futtermischung

LOSE SÄMEREIEN
Lose Körnermischungen sind ein ausgezeichnetes Futter. Meisen fliegen allerdings gern mit einzelnen Körnern ab, um sie unbeobachtet zu verzehren.

BROT
Obwohl Brot kein ideales Vogelfutter ist, stellt es einen brauchbaren Notbehelf dar. Schwarzbrot ist dabei weitaus besser geeignet als Weißbrot.

ÖL UND FETT
Von allen Futterarten, die man Gartenvögeln anbieten kann, sind Öle und Fette am energiereichsten. Alle Sämereien enthalten Öle, doch wenn man sie mit Talg zu einer Fettfuttermischung verarbeitet, erhöht sich der Nährwert. Diese Art der Fütterung hat einen weiteren Vorteil: Die Vögel können mit solch einem „großen Brocken" nicht wegfliegen, sodass man reichlich Gelegenheit hat, sie bei ihrer Mahlzeit zu beobachten.

Körnermischung zum Aufhängen

Eine halbierte Kokosnuss für akrobatische Blaumeisen

Im Winter zwingt der Hunger die Vögel manchmal, ihre Scheu zu überwinden.

Wie man Vögel beobachtet

Wenn man Durchzügler und Gäste mitrechnet, gibt es allein in Europa rund 600 Vogelarten. Ein erfahrener Beobachter kann jede davon schon aus einiger Entfernung oder an ihrem Gesang erkennen, auch wenn dieser nur ein paar Sekunden lang zu hören ist. Diese zunächst verblüffende Fähigkeit ist nichts anderes als das Ergebnis sorgfältiger Beobachtung. Man muss sich Gestalt und Färbung der Vögel genau ansehen und darauf achten, wie sie leben.

Das Beobachten im Freien erfordert Geschick und Geduld.

WARNUNG
Vögel dürfen laut Bundesnaturschutzgesetz nicht unnötig gestört werden. Das Fotografieren am Nest ist grundsätzlich nicht erlaubt.

WICHTIG: TAGEBUCH
Bestimmungsbücher sind unentbehrlich für jeden, der Vögel kennenlernen will. Wer außerdem ein Beobachtungsbuch führt, erzieht sich selbst dazu, auf die wesentlichen Merkmale eines Vogels zu achten. Faustskizzen, die das Aussehen und die Flugweise festhalten, helfen das Gesehene zu behalten.

FARBSTIFTE
Man muss kein Maler sein, um Vögel zu zeichnen. Mit Farbstiften kann man Einzelheiten skizzieren, anstatt alles auf umständliche Weise schriftlich festzuhalten.

Lineal zum Messen der Federn

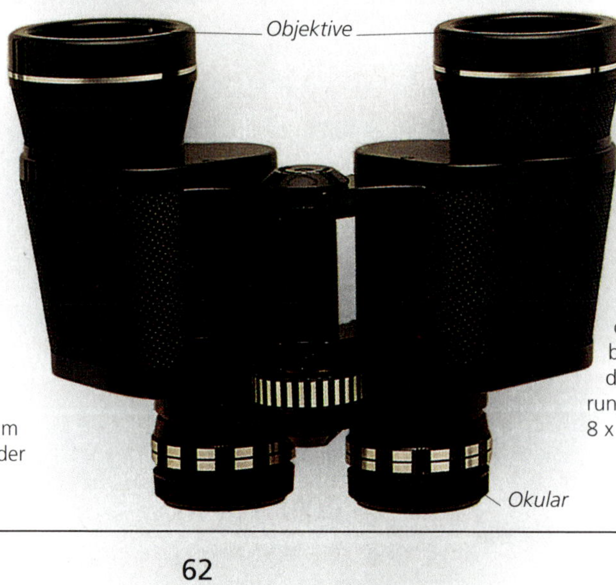

FERNGLAS
Ohne ein gutes Fernglas ist es nahezu unmöglich, Vögel ernsthaft zu beobachten, aber „gut" heißt nicht unbedingt „enorm stark". Ein Glas, das man draußen benutzen will, sollte leicht sein und einen guten Vergrößerungsfaktor sowie ein großes Gesichtsfeld haben. Bei mehr als 10-facher Vergrößerung ist das Gesichtsfeld sehr klein und das Bild verwackelt leicht. Achte beim Kauf auf den Durchmesser des Objektivs und den Vergrößerungsfaktor. Ein Glas mit den Werten 8 x 30 ist für Anfänger ideal.

Vergröße-
rungsglas

Mit einer Plastikpinzette beschädigt man zarte Knochen nicht so leicht wie mit einer Metallpinzette.

AUSRÜSTUNG ZUR UNTERSUCHUNG VON GEWÖLLEN
Viele Überreste von Kleintieren in Vogelgewöllen (S. 42) sind sehr empfindlich und werden beim Auseinandernehmen des Gewölles leicht beschädigt. Wenn man ein Vergrößerungsglas und eine Pinzette benutzt, kann man kleine Knochen und Zähne von Fell und Federn trennen, ohne sie zu zerstören.

Mäusebussardfeder

Taubenfedern

Eichelhäher-
feder

FEDERN AUFBEWAHREN
Papier- oder Plastiktüten verhindern, dass Federn beschädigt werden.

EIN BEOBACHTUNGSZELT
Vögel bemerken sofort jede Bewegung, ignorieren jedoch fest stehende Gegenstände, ganz gleich, wie auffällig sie uns selbst vorkommen mögen. Selbst in offenen Landschaften gewöhnen sich die Vögel bald an ein Beobachtungszelt und nähern sich ohne jede Furcht.

Arretiervorrichtung
für die Kamera

EIN STATIV
Kameras mit lichtstarken Objektiven brauchen eine feste Stütze, damit das Bild nicht verwackelt. Ein leichtes Stativ ist unentbehrlich. Man kann auch das Fernglas darauf montieren.

DAS RICHTIGE OBJEKTIV
Wenn man ein normales 50-mm-Objektiv benutzt, wirken die Vögel oft klein und undeutlich. Mit einem Teleobjektiv bekommt man sie viel größer ins Bild.

200-mm-Tele-
Objektiv

KAMERAS FÜR DIE VOGELFOTOGRAFIE
Eine 35-mm-Spiegelreflexkamera ist ideal, um Vögel zu fotografieren, weil man das Bild im Sucher genau sehen kann. Bilder von frei lebenden Vögeln zu schießen ist niemals ganz einfach, erst recht nicht im Flug. Am besten übt man an Gartenvögeln, wie man sich dem Objekt nähert, rasch scharf einstellt und die Kamera ruhig hält, bevor man sich an schwierigere Aufgaben wagt.

Wusstest du das?

Erstaunliche Fakten

Auf der Erde gibt es über 9500 Vogelarten. Sie leben fast überall, von den eisigen Polarregionen bis hin zu heißen, trockenen Wüsten. Etwa zwei Drittel der Vogelarten kommen in den tropischen Regenwäldern vor.

Hoatzin

Hoatzin-Küken haben zwei Krallen an jedem Flügel. Wenn sie aus dem Nest klettern, halten sie sich mit ihnen an Mangrovenbäumen fest. Später verlieren sie die Krallen. Hoatzins sind keine sehr guten Flieger.

Eulen können ihre Augen nicht bewegen. Stattdessen drehen sie ihren Kopf so weit, dass sie direkt hinter sich blicken können.

Schwäne haben bis zu 25 000 Federn – mehr als alle anderen Vögel. Einige Kolibris sind so klein, dass sie weniger als 1000 Federn haben.

Streifenkiwi

Kiwis sind die einzigen Vögel, bei denen die Nasenlöcher am Ende des Schnabels sitzen. So können sie Würmer und Insekten am Boden erschnüffeln. Ab und zu schnauben sie, um ihre Nasenlöcher zu reinigen.

Spechte singen nicht, sondern trommeln stattdessen mit dem Schnabel gegen einen Baumstamm. An der Art des Trommelns erkennen sich Artgenossen gegenseitig.

Der afrikanische Graupapagei ist der Vogel mit der größten Sprachbegabung. Ein Exemplar konnte 800 Wörter sprechen.

Ein Sekretär verspeist eine Schlange.

Der Sekretär, der im Grasland in Afrika lebt, frisst gern Schlangen. Er stampft mit dem Fuß auf sie, um sie zu töten. Um sich vor den Schlangenbissen zu schützen, hüllt er sich in seine Flügel ein.

Ein Pelikan kann in seinem riesigen Kehlsack 10 l Wasser aufnehmen. Das Wasser wird ausgepresst und die Fische, die darin waren, verschluckt der Vogel.

Der Bartgeier trägt Knochen hoch in die Luft und lässt sie von dort aus auf Felsen fallen. Dann frisst er die zerschmetterten Knochen wie ein Schwertschlucker im Zirkus.

Das Thermometerhuhn baut kein Nest, sondern einen riesigen Komposthaufen, in den das Weibchen die Eier legt. Sie werden durch die Wärme ausgebrütet, die beim Verrotten der Pflanzen entsteht.

Siedelweber leben in einem riesigen Gemeinschaftsnest, das sie in einer Baumkrone errichten. Die Nester können 100 Jahre alt sein und mehrere Tonnen wiegen. Bis zu 400 Vögel leben in einem Nest.

Der Kondor gleitet auf seinen riesigen Schwingen. Er schlägt nur selten mit den Flügeln.

Kondor

Der Andenkondor ist der schwerste Greifvogel. Er wiegt bis zu 12 kg. Auf warmen Aufwinden, die an Berghängen aufsteigen, gleitet er hoch in den Himmel.

Die schillernden Farben des Pfauen-Männchens entstehen nicht durch Pigmente, sondern weil die Schwanzfedern eine Struktur haben, die das Licht beugt.

Wie viele prächtige Vogelmännchen hat Raggis Großer Paradiesvogel mehrere Weibchen. Wenn er sich mit einem gepaart hat, beginnt er gleich wieder mit der Balz, um das nächste Weibchen anzulocken.

Raggis Großer Paradiesvogel

Fragen und Antworten

F Welcher Vogel kommt in der Natur in der größten Anzahl vor?

A Der Blutschnabelweber: Über 1,5 Mrd. dieser Vögel leben in Afrika. Es gibt etwa ein Viertel so viele Blutschnabelweber wie es Menschen auf der Erde gibt.

Wanderfalke

F Welcher Vogel kann am schnellsten fliegen?

A Der Wanderfalke: Wenn er auf seine Beute herabstößt, kann er über 180 km/h erreichen.

F Wie lange leben Vögel und welche Arten werden am ältesten?

A Etwa 75 % aller Vögel werden in der Natur kein Jahr alt. Einige der großen Vögel werden am ältesten. Der sehr große Wanderalbatros kann 80 Jahre alt werden.

F Welche Vögel sind die besten Schwimmer?

A Eselspinguine schwimmen am schnellsten: Sie erreichen 36 km/h. Kaiserpinguine können 18 min lang unter Wasser bleiben.

F Welcher Vogel verbringt die meiste Zeit in der Luft?

A Die Rußseeschwalbe: Sie fliegt mindestens 3 Jahre lang über die Ozeane, ohne sich auf dem Wasser oder dem Festland niederzulassen. Sie schläft auch im Flug: Mit ausgestreckten Flügeln gleitet sie auf Luftströmungen.

F Welche Vögel ziehen die weitesten Strecken?

A Zugvögel fliegen jedes Jahr die gleichen Routen, aber keiner weiß genau, wie sie das machen. Sie orientieren sich am Stand der Sonne und an den Sternen und folgen auch auffälligen Landschaftsmerkmalen wie Küsten und Gebirgszügen. Einige Wissenschaftler glauben, dass sie sich am Magnetfeld der Erde orientieren.

F Warum haben manche Vögel riesige Flügel?

A Der Wanderalbatros hat die größte Flügelspannweite. Er verbringt einen großen Teil seines Lebens über den Ozeanen. Mit seinen großen Flügeln gleitet er in schwachen Aufwinden. So kann er große Entfernungen zurücklegen, ohne viel Energie zu verbrauchen.

Kaiserpinguin

Pinguine setzen ihre kleinen, steifen Flügel wie Flossen ein.

Flügelspannweite von bis zu 3,63 m

Wanderalbatros

F Wie hoch können Vögel in den Himmel aufsteigen?

A Viele Gänse und Schwäne fliegen auf ihrem Zug in großen Höhen. Streifenten fliegen über dem Himalaja, das höchste Gebirge der Erde, wenn sie von ihren Brutgebieten zu den Überwinterungsgebieten in Indien fliegen. Sie fliegen dabei in über 8000 m Höhe – fast so hoch wie Düsenjets!

Rekordverdächtig

GRÖSSTER VOGEL
Der afrikanische Strauß ist der höchste und schwerste Vogel. Männchen werden 2,7 m hoch und wiegen bis zu 160 kg.

KLEINSTER VOGEL
Die kubanische Bienenelfe ist der kleinste Vogel der Erde. Sie wird 5,7 cm lang, nicht viel größer als eine Hummel.

SCHNELLSTER GERADLINIGER FLUG
Der Stachelschwanzsegler und der Mittelsäger können in geradlinigem Flug 161 km/h erreichen.

LANGSAMSTER FLUG
Die Amerikanische Waldschnepfe ist im Flug nur 8 km/h schnell und somit der langsamste Vogel.

GRÖSSTES NEST
Der Weißkopfseeadler baut das größte Baumnest: Der Horst hat 2,9 m Durchmesser.

KLEINSTES NEST
Der Zwergkolibri baut das kleinste Nest. Es hat nur 1,5 cm Durchmesser.

Schnee-Eule

Vogelarten

Um Vögel leichter bestimmen zu können, teilt man sie je nach Gemeinsamkeiten wie körperlichen Merkmalen oder bestimmten Verhaltensweisen in Gruppen ein. Die größten Gruppen nennt man Ordnungen. Sie werden wiederum in Familien unterteilt. Hier sind einige große Gruppen und ihre Merkmale vorgestellt.

Ordnungen

FLUGUNFÄHIGE VÖGEL

In verschiedenen Ordnungen der Vögel gibt es Arten, die schnell laufen, aber nicht fliegen können. Dazu gehören die Strauße, Emus, Nandus und Kasuare. Diese großen, langbeinigen Vögel sprinten ihren Fressfeinden schnell davon. Es gibt auch kleinere Arten, die nicht fliegen können, wie die Kiwis, die nachts Nahrung suchen. Im Meer tauchen die flugunfähigen Pinguine nach Fischen. Pinguine gibt es nur auf der Südhalbkugel.

Strauß

Nandu

SCHREITVÖGEL

Viele Vögel waten bei der Nahrungssuche durchs Wasser. Dazu gehören die Reiher, Löffler und Flamingos. Diese Vögel haben lange Beine, Füße mit schlanken Zehen und einen sehr langen Hals, mit dem sie zum Wasser hinabgelangen. Die meisten Arten fressen Fische und Krebstiere. Ihre Schnäbel sind unterschiedlich gebaut, je nachdem, wie sie ihre Nahrung fangen.

Rosalöffler

Junger Rosaflamingo

Nachtreiher

GÄNSEVÖGEL

Schwäne, Gänse und Enten gehören zu den Gänsevögeln und leben an Teichen, Seen und Flüssen. Sie haben Schwimmhäute zwischen ihren drei nach vorn weisenden Zehen und einen breiten Schnabel. Schwäne sind die größten Vögel in dieser Gruppe. Gänse sind kleiner und fliegen oft in V-Formation. Enten haben kürzere Schnäbel. Die Beine setzen weit hinten am Körper an, deshalb watscheln Enten.

Höckerschwan

Höckergans

Brandgänse

Ordnungen

GREIFVÖGEL
Greifvögel erbeuten mit ihren kräftigen, gekrümmten Schnäbeln, ihren scharfsichtigen Augen und den langen Beinen andere Tiere. Mit den bekrallten Füßen packen sie ihre Beute, die sie später mit dem Schnabel zerteilen. Es gibt zwei Familien. Zu einer gehören die Habichte, Milane, Adler und Bussarde, zur anderen die Falken, wie der Turmfalke.

Turmfalke

Weißkopf-Seeadler

HÜHNERVÖGEL
Fasane, Rebhühner und Wachteln sind Hühnervogel. Sie haben einen untersetzten Körper und einen kleinen Kopf mit einem Hühnerschnabel. Diese Vögel verbringen die meiste Zeit am Boden und viele der Arten fressen Samen. Bei Gefahr steigen sie fast senkrecht auf und fliegen dann auf typisch schnell flatternde Weise fort.

Goldfasan

WATVÖGEL
Dieser großen Ordnung gehören die Möwen, Seeschwalben, viele kleine Watvögel, Papageitaucher und Lummen an. Die meisten Arten haben lange dünne Beine, einen kompakten Körper und einen dünnen Schnabel, mit dem sie im Schlamm stochern. Sie leben an Küsten, in Sümpfen und im Watt. Manche suchen am Strand nach Nahrung, andere fangen ihre Beute im Meer.

Küstenseeschwalbe

PAPAGEIENVÖGEL
Zu dieser Ordnung gehören die Papageien, Loris, Kakadus und Aras. Die bunten, lauten Vögel leben in tropischen Regenwäldern oder offenen Grasländern. Papageienvögel haben einen kräftigen, gekrümmten Schnabel und vier Zehen, von denen zwei nach vorn und zwei nach hinten weisen. Die meisten fressen Nüsse, Beeren, Blätter und Blüten. Viele leben in Schwärmen und kreischen laut.

Ara

Unzertrennlicher

EULEN
Eulen erbeuten andere Tiere. Meist sind sie nachtaktiv. Sie haben einen großen runden Kopf, ein flaches Gesicht und einen Hakenschnabel. Mit ihren großen Augen sehen sie nachts hervorragend. Die gezähnten Ränder der Schwungfedern sind weich, sodass die Vögel fast lautlos fliegen können. Mit den scharfen Krallen packen sie ihre Beute.

Kuckuckskauz

RACKENVÖGEL
Zu dieser Ordnung gehören die Eisvögel, Wiedehopfe, Nashornvögel, Racken und Bienenfresser. Die meisten dieser Vögel sind Fleischfresser und leben auf dem Festland. Sie haben ein leuchtend buntes Gefieder und einen großen Schnabel. Viele fressen Insekten und andere kleine Tiere. Eisvögel stoßen ins Wasser, um Fische zu fangen.

Baumhopf

SPERLINGSVÖGEL
Über die Hälfte aller Vogelarten gehört zu dieser Gruppe, darunter Schwalben, Drosseln, Meisen und Krähen. Sperlingsvögel haben vier Zehen an jedem Fuß. Drei weisen nach vorn und eine nach hinten, sodass die Vögel auch dünne Zweige sicher umfassen können.

Blaumeise

Pirol

Neugierig geworden?

FALKNEREI
In einer Falknerei kannst du Greifvögel wie Habichte und Adler und Eulen aus der Nähe sehen. Oft gibt es dort auch beeindruckende Flugvorführungen.

Ganz egal, wo du wohnst, du kannst überall Vögel beobachten. Beim Beobachten wirst du viel über sie lernen. Wenn du aber sehr viele verschiedene Vogelarten kennenlernen willst, dann solltest du unterschiedliche Lebensräume besuchen. Bist du auf dem Land oder am Meer in den Ferien, dann wirst du viele interessante neue Arten sehen. Im Zoo oder einem Vogelpark kannst du seltenere und ungewöhnlichere Vögel beobachten.

Nüsse und Samen locken Blaumeisen in den Garten.

Verschiedene Meisenarten halten sich geschickt am Futterspender fest.

Blaumeisen

Schwäne und andere Wasservögel in einem Schutzgebiet

WASSERVÖGEL
Auf Seen und Flüssen, in Sumpf- und Wattgebieten sammeln sich viele Vogelarten, wie Schwäne, Enten, Reiher und Störche. Viele rasten hier auf ihrem Zug. Im und am Wasser gibt es viel Nahrung und das Schilf an den Ufern bietet einigen Arten Nistplätze.

PARKS UND GÄRTEN
In Parks und Gärten in der Stadt kannst du viele verschiedene Vogelarten beobachten. Die Bäume, Blumenbeete und Teiche bieten ihnen Nahrung und Nistplätze. Wenn du die Vögel im Winter fütterst, wirst du viele verschiedene Arten in deinen Garten, auf den Balkon oder auf dein Fensterbrett locken, denn draußen gibt es wenig natürliche Nahrung.

ZOOS
Im Zoo kannst du exotische Vögel aus der Nähe beobachten. In vielen großen Zoos gibt es große Volieren, in die man hineingehen kann und in denen Vögel aus verschiedenen Lebensräumen frei herumfliegen.

Besuche doch mal …

NATIONALPARK WATTENMEER
Millionen von Watvögeln suchen im Watt an der Nordsee nach Nahrung und du kannst seltene Durchzügler und Wintergäste beobachten.

BODENSEE
Der Bodensee im Alpenvorland ist der drittgrößte See Mitteleuropas. Über 400 Vogelarten kommen hier vor, darunter viele Enten, Gänse und Watvögel. Rallen und Singvögel brüten im Schilf.

MÜRITZ-NATIONALPARK
Die Mecklenburgische Seenplatte ist der Lebensraum von See- und Fischadlern, Rohrdommeln und unzähligen anderen Vögeln. Im Herbst rasten hier Kraniche auf ihrem Zug.

NEUSIEDLER SEE (ÖSTERREICH UND UNGARN)
Im Gebiet dieses großen Steppensees kannst du z. B. Löffler, Silber- und Purpurreiher, Adler, Bienenfresser und Watvögel zu Gesicht bekommen.

Pennantsittich

TROPISCHE WÄLDER
Wenn du im Ausland im Urlaub bist, solltest du Nationalparks besuchen, denn dort kannst du einheimische Vogel- und Pflanzenarten sehen, die es bei dir zu Hause nicht gibt. In den fantastischen Regen- und Eukalyptuswäldern im Lamington-Nationalpark in Queensland in Australien leben viele bunte tropische Vögel. Hier kannst du Kakadus, Loris, Leierschwänze und Pennantsittiche beobachten. Die Vögel fressen Früchte, Blüten und Insekten, die sie hier das ganze Jahr über finden.

Basstölpelkolonie

STRÄNDE UND FELSENKLIFFE
An der Küste kannst du Möwen und andere Seevögel beobachten, v. a. während der Brutsaison im Frühjahr. Viele der Arten nisten auf großen Kliffen und Felseninseln vor der Küste, wo ihre Eier und Küken vor Raubtieren sicher sind. Auch in Sanddünen und an Stränden nisten verschiedene Arten. Halte Ausschau nach Watvögeln, die im seichten Wasser mit dem Schnabel nach Muscheln und Würmern stochern.

Goldstirnspecht

WÄLDER
In Waldgebieten gibt es für Vögel Knospen, Beeren, Samen und Insekten als Nahrung und Nistplätze. Allgemein leben in Laubwäldern mehr Vogelarten als in düsteren Nadelwäldern. Hier wachsen unterschiedlichere Baumarten und oft ist das Klima wärmer und feuchter. Die verschiedenen Vogelarten suchen in den Bäumen in unterschiedlicher Höhe Nahrung, sodass sie sich nicht gegenseitig Konkurrenz machen. Viele von ihnen nisten in Baumhöhlen.

INTERNETADRESSEN

- Erfahre mehr über die Welt der Vögel.
  www.kindernetz.de/oli/tierlexikon/-/id=74986/1v89qw1/index.html
- Informiere dich über den Vogel des Jahres.
  www.nabu.de/aktionenundprojekte/vogeldesjahres/
- Wintergäste auf dem Balkon.
  www.ms-net.ch/voegel.htm

Vögel im Flug erkennen

Die Form und Größe der Flügel ist je nach Lebensweise unterschiedlich. Hier sind typische Silhouetten abgebildet.

SCHMALE SPITZE FLÜGEL
Schnell fliegende Vögel wie Schwalben und Mauersegler haben schlanke spitze Flügel und einen gegabelten Schwanz, sodass sie in der Luft besonders wendig sind.

Schwalbe

LANGE ELEGANTE FLÜGEL
Seeschwalben und andere Seevögel, die viel Zeit in der Luft verbringen, haben lange schmale und spitze Flügel. Mit dieser Flügelform können sie in der Thermik gleiten.

Seeschwalbe

NACH HINTEN ABGEKNICKTE FLÜGEL
Falken und andere kleine Greifvögel haben einen schmalen Schwanz (Stoß) und schmale spitze Flügel, die nach hinten abgeknickt sind.

Falke

GROSSE FLÜGELSPANNWEITE
Vögel, die über weite Strecken gleiten, wie Albatrosse und Sturmtaucher, haben sehr lange schmale und spitze Flügel.
Sie gleiten über dem offenen Meer auf warmen Aufwinden.

Albatros

GESPREIZTE SCHWUNGFEDERN
Adler, Bussarde und Geier haben große breite Flügel, bei denen du die gespreizten Schwungfedern erkennen kannst, wenn sie langsam segeln oder gleiten.

Adler

KURZE RUNDE FLÜGEL
Sperber, Eichelhäher und viele Vögel, die im Wald leben, haben kurze rundliche Flügel, mit denen sie gut zwischen den Bäumen manövrieren können. Mit dem Schwanz drosseln sie bei der Landung die Geschwindigkeit.

Sperber

Glossar

Eine Tölpel-Kolonie

AASFRESSER Ein Vogel, z. B. ein Geier, der sich von toten Tieren ernährt.

ARMSCHWINGEN Die Schwungfedern am Flügel nahe des Körpers.

ART Eine Gruppe ähnlich aussehender Vögel oder anderer Tiere, die miteinander Nachwuchs bekommen können.

AUFWIND Eine Säule aus aufsteigender warmer Luft, oft über einem Berghang oder Kliff, in der Vögel hoch in den Himmel aufsteigen.

AUSSTERBEN Wenn Lebewesen, wie die Dronte, für immer von der Erde verschwinden.

BALZ Das Verhalten, das Vögel zeigen, wenn sie Partner anlocken wollen, um sich mit ihnen zu paaren. Dabei führen sie Tänze auf, nehmen eine auffällige Haltung ein, spreizen Federn ab oder singen.

Eine Konturfeder

BEOBACHTUNGS-STATION Ein Unterstand oder kleines Gebäude, von dem aus man Vögel beobachten kann und dabei selbst nicht von den Vögeln erkannt wird.

BESTIMMUNGSBUCH Ein Buch, mit dem du verschiedene Vogelarten bestimmen kannst und das in die Tasche passt.

BEUTE Ein Tier, das von einem Räuber gejagt und getötet wird.

BINDE Ein deutlich gefärbter Streifen, der sich über eine oder mehrere Federn zieht.

BINOKULARE SICHT Der Teil des Gesichtsfelds, bei dem die Sehfelder beider Augen sich überschneiden. In diesem Feld kann ein Tier räumlich sehen und Entfernungen einschätzen.

BRUSTBEINKIEL Ein großer Fortsatz am Brustbein des Vogels, an dem seine kräftigen Flugmuskeln ansetzen.

BRÜTEN Die Eier ständig wärmen, sodass sich die Küken in den Eiern entwickeln können. Die meisten Vögel sitzen auf ihrem Gelege, um es warm zu halten.

BRUTFLECK Ein unbefiederter Fleck unten an der Brust des Vogels, mit dem er seine Eier beim Brüten wärmt.

BRUTSAISON Die Zeit im Jahr, in der sich Vögel paaren, Nester bauen, Eier legen und ihre Jungen großziehen.

BÜRZEL Der hintere Teil des Vogelkörpers über dem Schwanz.

BÜRZELFEDERN Die weichen Dunenfedern, die am Schwanzansatz am Vogelkörper sitzen.

DÄMMERUNGSAKTIV In oder kurz vor der Dämmerung aktiv, wenn es langsam dunkel wird.

DAUMENFITTICH Ein Federbüschel am Vorderrand des Flügels, den der Vogel abspreizen kann, um mehr Auftrieb zu erzeugen.

DECKFEDERN Gruppen kleiner Federn, die die Basis der Schwungfedern bedecken.

DUNENFEDERN Sehr weiche, feine Federn, die nahe am Körper ein Luftpolster einschließen und den Vogel warm halten.

EIZAHN Eine kleine Struktur am Oberschnabel eines Kükens, mit dem es beim Schlüpfen die Eierschale aufbricht. Der Eizahn geht später verloren.

FEUCHTGEBIETE Sümpfe, Moore und andere Gebiete mit feuchtem Untergrund.

FLÜGGE WERDEN Wenn junge Vögel ihr erstes vollständiges Federkleid haben und das Nest verlassen. Manche Vögel können in den ersten Tagen nach dem Verlassen des Nests noch nicht fliegen.

GEFIEDERPFLEGE Vögel müssen ihre Federn in gutem Zustand halten: Sie ziehen sie durch den Schnabel, um sie zu reinigen und zu glätten.

Junge Blaumeisen im Nest

GELEGE Alle Eier, die ein oder beide Elternvögel gleichzeitig ausbrüten.

GEWÖLLE Unverdauliche Nahrungsreste, wie Fell und Knochen, die Eulen und andere Vögel wieder auswürgen.

HAKEN- UND BOGENSTRAHLEN Die feinen seitlichen Äste, die beiderseits am Schaft der Feder entspringen. Sie verhaken sich ineinander und bilden die Fahne.

HANDSCHWINGEN Die langen Schwungfedern außen am Flügel des Vogels, die er zum Steuern und Wenden einsetzt.

HERABSTOSSEN Viele Greifvögel stoßen von hoch oben in der Luft nach unten herab, um ihr Opfer zu packen.

JUGENDKLEID Das erste Federkleid eines Jungvogels, wenn er flügge wird.

Ein Küken schlüpft.

Beobachtungsstation in einem Naturschutzgebiet

JUNGVOGEL Ein junger Vogel, der noch nicht alt genug ist, um selbst brüten zu können. Sein Gefieder hat oft eine andere Färbung und ein anderes Muster als das eines Altvogels.

KERATIN Ein bestimmtes Protein (Eiweiß), aus dem Federn, Haare, Fingernägel und Hufe bestehen.

KOLONIE Eine große Gruppe von Vögeln, die gemeinsam an einem Ort lebt und brütet. Pinguine leben in großen Kolonien.

KONTURFEDERN Diese kleinen Federn überlappen am Kopf und Körper des Vogels und verleihen ihm seine Stromlinienform.

KROPF Eine Ausstülpung der Speiseröhre, in der der Vogel Nahrung speichert. Oft transportieren Vögel im Kropf Nahrung zum Nest.

LEBENSRAUM Die Umgebung, in der ein Vogel normalerweise vorkommt, wie ein Feuchtgebiet, ein Wald oder Grasland.

MAUSER Wenn die abgetragenen Federn abgeworfen und durch neue ersetzt werden.

MONOKULARE SICHT Wenn sich die Sehfelder beider Augen nicht überschneiden, sodass das Tier nicht räumlich sehen und Entfernungen schlecht einschätzen kann.

MUSKELMAGEN Eine muskulöse Kammer im Vogelmagen, wo Pflanzenmaterial zu einem Brei zermalmt wird.

NACHTAKTIV Tiere, die nachts Nahrung suchen und tagsüber ruhen.

NEKTAR Die süße Flüssigkeit, die Blüten produzieren, um Vögel und Insekten anzulocken. Diese Tiere trinken aus den Blüten und bestäuben sie dabei.

NESTFLÜCHTER Küken, bei denen die Augen beim Schlüpfen schon geöffnet sind und die bereits ein Kleid aus Dunenfedern tragen. Sie verlassen das Nest bald nach dem Schlüpfen.

NESTLING Ein Vogel, der im Nest gefüttert wird und noch nicht fliegen kann.

NISTMULDE Eine Mulde am Boden, in die ein Vogel seine Eier legt.

ORNITHOLOGE Ein Mensch, der Vögel erforscht. Professionelle Ornithologen arbeiten an Vogelwarten, Naturkundemuseen, Universitäten oder für Naturschutzorganisationen.

PUDERDUNEN Spezielle Federn, die einige Vögel haben, wie z. B. Reiher. Sie zerfallen zu einem feinen Puder, mit dem der Vogel sein Gefieder reinigt und in gutem Zustand hält.

RÄUBER Ein Tier, das andere Tiere tötet, um sie zu fressen.

Gewölle

REVIER Ein Gebiet, das ein Vogel gegen andere Vögel der gleichen Art verteidigt.

SCHAFT Der lange hohle Stab in der Mitte der Vogelfeder.

SCHIRMFEDERN Die Federn ganz innen am Flügel nahe des Körpers. Sie schaffen einen glatten Übergang vom Flügel zum Körper, sodass der Vogel sich gleichmäßig durch die Luft bewegen kann.

SCHLÜPFEN Der Prozess, bei dem ein Küken die Eierschale mit dem kleinen Eizahn oben an seinem Schnabel aufpickt.

SCHNATTERN Enten nehmen Nahrung auf, indem sie die Wasseroberfläche mit dem Schnabel abschöpfen. Dabei öffnen und schließen sie den Schnabel schnell.

SCHWARM Eine große Gruppe von Vögeln einer bestimmten Art, die gemeinsam umherfliegen oder Nahrung suchen.

SCHWUNGFEDERN Die langen Federn, die die Tragflächen der Flügel bilden. Man unterscheidet Hand- und Armschwingen.

SEEVÖGEL Vögel, die die meiste Zeit über dem offenen Meer verbringen und nur zum Brüten an Land kommen.

SEHNEN Bänder aus stabilem Gewebe, mit denen Muskeln am Knochen ansetzen.

SPIEGEL Ein weißer oder bunter Fleck, den viele Enten auf dem Flügel tragen.

STRUKTURFARBEN Wenn die bunt schillernden Farben des Gefieders nicht durch Pigmente zustande kommen, sondern weil das Licht gebrochen wird, wenn es auf die Oberfläche der Feder trifft.

Seevogel im Flug

TAGAKTIV Während des Tages aktiv sein, wenn es hell ist.

TARNUNG Farben und Muster, mit denen der Vogel in seiner Umgebung schwierig zu erkennen ist.

TRAGFLÄCHE Die Unterseite eines Vogelflügels ist flach, die Oberfläche leicht gewölbt. Wenn die Luft über die Tragfläche strömt, entsteht Auftrieb.

VERBREITUNG Alle Gebiete, in denen man eine Vogelart regelmäßig beobachten kann.

WIRBELLOSES TIER Ein kleines Tier ohne Wirbelsäule, wie ein Wurm, ein Insekt, eine Spinne oder ein Krebs.

WIRBELTIER Ein Tier mit einer Wirbelsäule. Vögel sind Wirbeltiere.

Eine Gans putzt ihr Gefieder.

ZUGVOGEL Ein Vogel, der einmal im Jahr von der Gegend, in der er während der meisten Zeit Nahrung sucht, zu seinem Brutgebiet und nach dem Brüten wieder zurückfliegt.

Register

A

B

D

E

F

G

H I J

K

L

M

N O

P

R

S

T

U V

W

Z

Dank und Bildnachweis

Dorling Kindersley dankt Phyilip Amies; der Belegschaft der naturgeschichtlichen Abteilung des City of Bristol Museum; der Belegschaft des British Museum Natural History in Tring; Martin Brown vom Wildfowl Trust, Slimbridge und Rosemary Crawford für die Beratung und für ihre Unterstützung bei der Suche nach geeigneten Tieren; Steve Parker und Anne-Marie Bulat für ihre Mitarbeit; Fred Ford und Mike Pilley von Radius Graphics sowie Ray Owen und Nick Madren für die Illustrationen; Tim Hammond für Assistenz; David Ball, Neville Graham, Rose Horridge, Joanne Little und Sue Nicholson für das Poster.

Anmerkung des Verlags: Bei der Produktion dieses Buchs kamen keine Vögel zu Schaden oder wurden in irgendeiner Weise verletzt.

Der Verlag dankt den folgenden Personen und Institutionen für die freundliche Genehmigung zum Abdruck von Fotos:

(Abkürzungen: o = oben, go = ganz oben, u = unten, m = Mitte, l = links, gl = ganz links, r = rechts, Hg = Hintergrund)

Ardea London: Tony und Liz Bomfod 14mr. Bridgeman Art Library: 13gor; 28gor; 52go; 61u. Bruce Coleman Ltd: 64ml; Johnny Johnson 65ul; Gordon Langsbury 13u; 14u; Allan G. Ports 69gor; Robert Wilmshurst 15u. Mary Evans Picture Library: 6ul, ur; 9gor, mr; 10go, mr, u; 20ul; 24go; 26go; 30mr; 32m; 36go, mr; 38go; 41go; 54gol, gor, ul; 56go; 58u. Gables: 66–67uHg, 70–71uHg. Sonia Halliday: 60gor. Robert Harding: Brian Hawkes 47go. Frank Lane Picture Agency: 12ul, 14m, 16go, 29go, ml, 33u, 35gor, 37mr, ul, gol, 46m, 47m, 60gol, m, 63; R. Austing 32ur; C. Carvalho 17go; J.K. Fawcett 12mr; T. und P. Gardner 21ul; John Hawkins 13gol; 19gol; 35m; Peggy Heard 61m; R. Jones 17m; Derek A. Robinson 8m, 47u; H. Schrempp 32ul; Roger Tidman 36gor; B.S. Turner 42go; R. Van Tidman 37ur; John Watkins/ Tidman 33ml; Robert Wilmshurst/ Tidman 12 ur; 46go; 49go; W. Wisniewski/ Tidman 37ml; J. Zimmermann/ Tidman 31gor; 36u. Natural History Museum: 70ml, mr, ul, 71mo, ul. NHPA: Bruce Beehler 64ur; G.I. Bernard 21ml, mr; Manfred Danegger 13m; Hellio und Van Ingen 40u; Michael Leach 34m; Crimson Rosella 69gol; Jonathan und Angela Scott 64m; Philip Wayre 19ur; Alan Williams 68mr. Mansell Collection: 6go, 10ml; 34go; 54m. Oxford Scientific Films: Richard Herrmann 68um; Ronald Toms 68gol. Pickthall Library: 15go. Planet Earth Pictures: A.P. Barnes 15m. Press-Tige Pictures: 12mr. Science Photo Library: Sinclair Stammers 6m. South of England Rare Breed Centre: 66mru. Survival Anglia: Jen und Des Bartlett 54ur; Jeff Foott 31mr. Alan Williams: 71gol. Jerry Young: 66gol.

Poster: DK Images: Natural History Museum, London mo, mru, gor.

Cover: *Vorn:* Alamy Images: Andrew Bargery u. Dorling Kindersley: The National Birds of Prey Centre, Gloucestershire mgl.

Weitere Informationen unter www.dkimages.com

Weitere Themen in dieser Reihe:
(Bandnummer in Klammern)

Das alte Ägypten (8)
Das alte Griechenland (21)
Das alte Rom (38)
Autos (25)
Azteken, Inka & Maya (28)
Bedrohte Tiere (5)
Burgen (24)
Christentum (34)
Demokratie (30)
Dinosaurier (1)
Eisenbahnen (19)
Die ersten Menschen (26)
Evolution (50)
Fische (13)
Flugmaschinen (41)
Fossilien (47)
Gesteine & Mineralien (17)
Große Entdecker (12)
Große Musiker (42)
Große Wissenschaftler (33)
Haie (10)
Hunde (39)
Indianer (18)
Insekten (35)
Katzen (23)
Klimawandel (11)
Kriminalistik (44)
Der Mensch (2)
Musikinstrumente (14)
Mythologie (31)
Naturwissenschaften (7)
Ozeane (32)
Pferde (43)
Pflanzen (48)
Piraten (36)
Regenwald (20)
Ritter (16)
Säugetiere (45)
Schätze (6)
Spione (9)
Städte (3)
Teiche & Flüsse (27)
Titanic (22)
Vögel (29)
Vulkane (37)
Wasser (40)
Weltall (15)
Wetter (46)
Wikinger (49)
Wirtschaft (4)